現場で使える
発泡プラスチックハンドブック
Practical Handbook of Plastic Foaming

秋元英郎　著

シーエムシー出版

まえがき

　私の監修による『プラスチック発泡技術の最新動向』が2015年9月にシーエムシー出版から出版され，多くの企業研究者にご活用いただいている。問題点があるとすると，高価な書籍であったという点である。それでも私自身はそれにある程度満足していたのだが，今回シーエムシー出版より全ての章を私ひとりで書いてみないかとの提案を受けた。

　今回の企画はタイトル『現場で使える発泡プラスチックハンドブック（Practical Handbook of Plastic Foaming）』にもあるように，研究開発・生産・営業の現場で疑問が生じたときに参照してもらえる内容を目指した。

　内容的には，射出発泡成形の比重が高くなっていることはご容赦いただくが，射出発泡以外の発泡成形についても基本的で知っておくべきことは網羅したつもりである。

　発泡成形は，プラスチックの成形の過程に発泡工程を含む成形方法であるため，プラスチック材料，発泡剤，成形装置，成形技術，評価技術，シミュレーション技術等の広範囲にわたる技術の集合からなる。また，出来上がった発泡製品の使われ方も多岐にわたる。

　第1章では，そもそも発泡体，そしてもっと広義に多孔質体とはどのようなものであるかを解説した。第2章では，発泡成形において非常に重要である発泡剤について解説した。第3章では，各種発泡成形技術について解説した。第3章で解説した発泡成形のうち，不活性ガスを物理発泡剤として用いる射出発泡成形について第4章で詳しく解説し，容積可変の金型を用いて高倍率の発泡体を得るコアバック発泡技術については第5章で詳しく解説した。第6章では発泡体の評価方法について解説した。第7章では発泡成形において非常に重要な気泡の発生・成長について理論的に，しかも難しすぎないように解説した。第8章では射出発泡成形のシミュレーションの現状について紹介した。第9章では実際に使われている発泡製品の例を紹介した。最後に第10章では発泡成形用に設計されたプラスチック素材について解説した。

　これらを1冊の本でカバーすることは私にとってもチャレンジであった。私自身がこれを執筆しようと考えた最大の理由は，発泡成形に関する良書が前出の本以外に見当たらなく，これを書き上げることが私のミッションに合致すると確信したことにある。

私のミッションは「優れたものづくり技術を伝え，教え，広めること」であるが，発泡成形は優れた技術であるにも関わらず，そのメリットが正しく理解されておらず，そのメリットを理解していても発泡成形の原理原則を正しく理解していないために欲しい結果が得られていないという事例を多く見てきた。

　何事にも共通するが，成功への近道は正しい人から指導を受けることである。この本を手に取った皆さんに対して直接的に教え導くことはできないかもしれないが，この本を通じて発泡成形を正しく理解していただければ嬉しいことであり，もっと詳しく知りたい場合には直接コンタクトしていただいてもかまわない。そして一人でも多くの方が，小さな気泡が持つ大きな力を知り，積極的に活用していただければ幸いである。

　2017年8月

秋元技術士事務所；プラスチックス・ジャパン㈱

秋元英郎

目　　次

第 1 章　発泡体・多孔質体

1 発泡体・多孔質体とはどのようなものか……………………………… 1
2 自然界に存在する多孔質構造 …… 1
3 工業的な多孔質体の製造方法 …… 1
4 発泡体の形態：独立気泡と連続気泡 ……………………………………… 4
5 身の回りにある代表的な発泡プラスチック製品 …………………………… 5
　5.1　発泡ポリスチレン …………… 5
　　5.1.1　押出法ポリスチレンフォーム（XPS）……………… 5
　　5.1.2　発泡スチレンシート(PSP) ……………………………… 5
　　5.1.3　発泡スチロール（EPS）… 6
　5.2　発泡ポリエチレン …………… 6
　5.3　発泡ポリプロピレン ………… 7
　　5.3.1　ビーズ発泡ポリプロピレン ……………………………… 8
　　5.3.2　架橋発泡ポリプロピレンシート ……………………… 8
　　5.3.3　非架橋発泡ポリプロピレン ……………………………… 10
　　5.3.4　発泡ブローポリプロピレン ……………………………… 10
　　5.3.5　射出発泡ポリプロピレン ……………………………… 10

第 2 章　発泡成形と発泡剤

1 発泡成形とは …………………… 13
2 発泡剤の種類と特徴 …………… 13
　2.1　化学発泡剤 ………………… 13
　2.2　物理発泡剤 ………………… 14
　2.3　超臨界流体 ………………… 17
　2.4　熱膨張性マイクロカプセル … 19

第 3 章　発泡成形の種類

1 はじめに ………………………… 21
2 ビーズ発泡 ……………………… 21
3 バッチ発泡 ……………………… 23
4 プレス発泡 ……………………… 26
5 常圧二次発泡 …………………… 26
6 発泡ブロー ……………………… 26
7 押出発泡 ………………………… 27
8 射出発泡 ………………………… 30

第4章　不活性ガスを発泡剤として用いる射出発泡成形

1　超臨界流体を用いた微細射出発泡成形技術……35
　1.1　微細発泡成形とは……35
　1.2　微細発泡成形と超臨界流体…35
　1.3　バッチプロセスによる微細発泡……36
　1.4　バッチから射出へ……36
　1.5　成形プロセスで行う微細発泡の基本原理……38
　1.6　微細射出発泡成形のための設備……39
　1.7　微細射出発泡成形の利点……41
　　1.7.1　軽量化……41
　　1.7.2　薄肉化……41
　　1.7.3　ソリ・ヒケ解消……41
　　1.7.4　寸法精度向上……42
　　1.7.5　型締力低減……42
　　1.7.6　成形サイクル短縮……42
　1.8　利点を引き出す金型・製品設計……42
　1.9　微細射出発泡成形のトラブルシューティング……44
　　1.9.1　ブリスター……44
　　1.9.2　後膨れ……44
　　1.9.3　スワールマーク……44
　　1.9.4　微細射出発泡成形専用の材料……47
　1.10　微細射出発泡成形の用途……47
　1.11　今後の可能性……48
2　超臨界流体を用いない物理発泡…48
　2.1　非超臨界ガス発泡技術の基本思想……48
　2.2　旭化成のプロセス……49
　2.3　三井化学のプロセス……50
　2.4　宇部興産機械のプロセス……53
　2.5　住友化学のプロセス……53
　2.6　積水化学工業のプロセス……54
　2.7　Sulzer Chemtechのプロセス…56
　2.8　東洋機械金属のプロセス……56
　2.9　Demag Ergotechのプロセス…57
　2.10　日立マクセルのプロセス……58

第5章　コアバック射出発泡成形

1　コアバック射出発泡成形とは……61
2　コアバック発泡の種類……61
3　コアバック発泡のウィンドウ……65
4　コアバック発泡における気泡生成……67
5　コアバック発泡における軽量化…68
6　コアバック発泡における製品外観……69
　6.1　コアバック発泡における外観品質向上の基本的な考え方…69
　6.2　カウンタープレッシャー法……70

6.3　キャビティコントロールによる
　　　　外観改良 …………………… 71
7　コアバック発泡用材料 …………… 73
8　コアバック発泡用成形機 ………… 74
　8.1　直圧式油圧成形機 …………… 74
　8.2　油圧タイバーロック式成形機
　　　　………………………………… 76

　8.3　型開用機構を別に備えた成形
　　　　機 ……………………………… 77
　8.4　型締とコアバックを別機構に
　　　　したハイブリッド成形機 …… 77
　8.5　トグル式成形機 ……………… 77

第6章　プラスチック発泡体の評価方法

1　密度と発泡倍率 …………………… 81
2　気泡径と気泡径分布 ……………… 82
3　独立気泡率・連続気泡率 ………… 84
4　ソリッドスキン層厚み …………… 85

5　機械特性 …………………………… 85
　5.1　衝撃特性 ……………………… 87
　5.2　曲げ特性 ……………………… 89
6　断熱性 ……………………………… 89

第7章　気泡の生成と成長

1　発泡成形における気泡の挙動 …… 91
2　気泡の発生 ………………………… 91
　2.1　過飽和状態 …………………… 91
　2.2　気泡核生成のドライビング
　　　　フォース ……………………… 93

3　気泡の成長 ………………………… 93
4　気泡の合一・破裂 ………………… 96
5　気泡成長の停止 …………………… 98
6　気泡の消失 ………………………… 99

第8章　発泡成形のシミュレーションの現状

1　はじめに ………………………… 103
2　従来の発泡シミュレーション …… 103
3　気泡発生・成長を織り込んだCAE
　　　　………………………………… 104
4　Moldex3Dで用いられている理論式
　　　　………………………………… 104

5　解析例 …………………………… 106
　5.1　気泡径解析の例 ……………… 106
　5.2　反り解析の例 ………………… 106
　5.3　コアバック解析の例 ………… 109
6　今後の課題 ……………………… 111

第9章　発泡製品の用途

1　はじめに ………………… 113
2　自動車部品 ……………… 113
　2.1　内装部品 ……………… 113
　　2.1.1　インスツルメントパネル
　　　　　　　　　　………… 113
　　2.1.2　ドアトリム ………… 114
　　2.1.3　サンバイザー ……… 117
　　2.1.4　センタークラスター周辺
　　　　　部品 ……………… 117
　2.2　外装部品 ……………… 117
　2.3　エンジンルーム部品 … 119
　　2.3.1　HVAC ……………… 119
　　2.3.2　エンジンカバー …… 119
　　2.3.3　ファンシュラウド … 120
　2.4　機能部品 ……………… 120
　　2.4.1　衝撃吸収パッド …… 120
　　2.4.2　エアダクト ………… 120
　　2.4.3　ドアキャリア ……… 122
3　食品容器・包材 ………… 123
　3.1　カップ・トレー ……… 123
　3.2　キャップシール ……… 124
　3.3　飲料ボトル …………… 125
4　輸送・梱包 ……………… 125
　4.1　緩衝材 ………………… 126
　4.2　容器 …………………… 126
5　電気・電子・電線 ……… 127
　5.1　反射フィルム ………… 127
　5.2　電線被覆 ……………… 128
6　建材 ……………………… 128
　6.1　断熱材 ………………… 128
　6.2　畳 ……………………… 130
7　履物 ……………………… 131

第10章　発泡用材料の技術動向

1　はじめに ………………… 133
2　ビーズ発泡用材料 ……… 133
3　押出発泡用材料 ………… 133
　3.1　押出発泡用ポリプロピレン … 133
　3.2　押出発泡用ポリスチレン …… 134
　3.3　押出発泡用AES樹脂 ………… 136
4　射出発泡成形用材料 …………… 136
　4.1　射出発泡成形用ポリプロピレン
　　　　　　　　　………………… 136
　4.2　ポリプロピレン用添加剤 …… 136
　4.3　射出発泡成形用ポリアミド … 137

第1章　発泡体・多孔質体

1　発泡体・多孔質体とはどのようなものか

　多孔質体とは，細かい孔が多数空いている材料のことを指す。多孔質体の代表的なものに炭やスポンジがあり，孔の内部に物質を蓄える，孔の表面に物質を吸着する，孔のサイズによって通過できる物質・物体を選別する等の機能がある。発泡体は特に，泡が発生することによってできた多孔質体のことである。

2　自然界に存在する多孔質構造

　木材は人類が太古より使っている構造材料であり，強くて軽い特長はその多孔質構造に由来している。図1はヒノキの断面を走査電子顕微鏡で観察した写真である。多数の縦に伸びる孔は仮導管と呼ばれる水を吸い上げるための流路であり，成長が早い夏場には仮導管は太く（構造は疎），成長が遅い冬場には仮導管が細く（構造は密）成長するために年輪構造を形成する。木材が水に浮くのはこの多孔質構造の中に空気を蓄えているためである。

　ホタテの貝殻はハニカムに似た構造で，他の種類の貝に較べて非常に軽い。図2にホタテの貝殻の断面写真を示した。この構造は炭酸カルシウムの結晶が少量の有機物で結着されて多孔質構造をなしている。

　ヒトの骨は皮質骨と呼ばれる緻密質の外壁の内側に海綿骨と呼ばれる多孔質体が結合した構造を取っている。この構造のおかげでヒトの体重に占める骨の割合はわずか7%である。図3に骨の断面の模式図を示した。

　このように自然界は進化の過程で重量が軽くて強度が十分にある構造を選んできたのである。我々人類はそのような多孔質体を生活の中で活用してきた。

3　工業的な多孔質体の製造方法

　多孔質構造を持たせる方法には図4に示すようなプロセスがある。
① 溶解したガスから気泡を発生させる方法

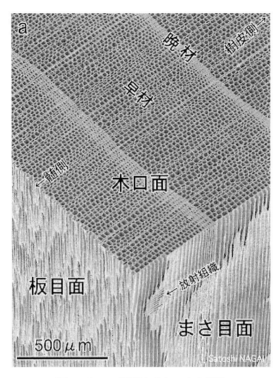

図1　SEMで観察したヒノキの構造
（兵庫県立農業水産技術総合センターHPより引用，http://hyogo-nourinsuisangc.jp/17-zakkan/zakkan-2202.html）

② 分散させた発泡剤の熱分解や化学反応によって気泡を発生させる方法
③ 大きい気泡を剪断で分割する方法
④ フィラーを分散させたプラスチックを延伸することでフィラーとプラスチックの界面に隙間を生じさせる方法
⑤ プラスチック中に分散させた可溶性成分を溶出させる方法

①と②は本書で解説する対象となる発泡成形である。

　溶解させたガスから気泡を発生させる方法については，栓を抜いたときのビールで説明されることが多い。すなわち，圧力をかけて溶解させたガスを，栓を抜いて圧力解放することで泡を生じさせるものである。

　分散させた発泡剤の熱分解によって気泡を発生させる方法は，食品で例示すると重曹やベーキングパウダー（ふくらし粉）を混ぜてケーキを焼くときがそのケースになる。ベーキングパウダーは重曹（炭酸水素ナトリウム）を主成分にして，酒石酸やクエン酸のような助剤が配合された薬剤である。重曹は加熱によって二酸化炭素を発生し，ベー

第1章　発泡体・多孔質体

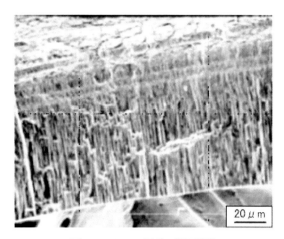

図2　ホタテの貝殻の断面構造
（エムエス・ラボHPより引用, http://ms-laboratory.jp/shellimage/shell.htm）

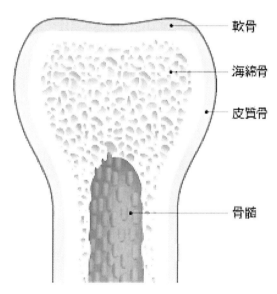

図3　骨の断面構造
（(一財) 全国社会保険共済会HPより引用, http://www.zenshakyo.org/kokorotokarada/yoboutokaizen/kotsu/）

キングパウダーは水が加わることで中和反応が起こって二酸化炭素が発生する。

　大きい気泡を剪断で分割する方法の例としては，食品で例示すると卵白を泡立てるときがそのケースになる。プラスチックの世界では，例えばサンスター技研の発泡ガスケットシステム（フォームプライ）がある。このプロセスでは，一液ウレタンペースト材料に空気を混合し，塗布した後に加熱して硬化させる。

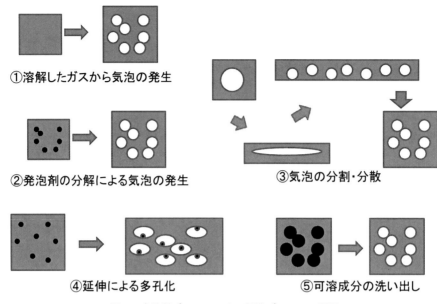

図4　多孔質プラスチックの製造プロセスの種類

　フィラーを分散させたプラスチックを延伸して多孔質体を得る方法としては，例えば，炭酸カルシウムをブレンドしたポリエチレンフィルムを延伸し，ポリエチレンと炭酸カルシウムとの界面は剥離してミクロボイドを生じさせる方法があり，通気フィルム，反射フィルムとして使用されている[1]。

　可溶性成分を溶かし出す方法としては，ゴムに水溶性気泡形成剤（例えば塩化ナトリウム，でんぷん）を混ぜて成形し洗浄して多孔化する方法がインク透過式印鑑に使用されている[2]し，PBT樹脂にペンタエリスリトールをブレンドして射出成形し，成形品を75℃の温水でペンタエリスリトールを溶出させて通気性を持つ成形品を得る方法も知られている[3]。

4　発泡体の形態：独立気泡と連続気泡

　発泡プラスチックとはプラスチックのマトリックスの中に気泡（セル）が多数分散した，プラスチックと気体の複合材料である。発泡体との対比で発泡していないプラスチック成形品をソリッド成形品と呼んでいる。発泡とは気泡が発生することを表す言葉であり，発泡プラスチックは発泡工程を経て製造される多孔質プラスチックを表す。

　発泡プラスチックを特徴付ける要素には，①マトリックスのプラスチック材料の種

類,②気泡内部の気体の種類,③気泡密度(単位体積当たりの気泡数),④平均気泡径,⑤気泡径分布,⑥独立気泡率,⑦発泡倍率(発泡倍率は気泡密度と平均気泡径から計算することも可能であるが,比重測定等から比較的容易に得られるため良く用いられる)が挙げられる。また,実用上の発泡プラスチックには成形方法によって気泡が存在しない表層(ソリッドスキン層)を伴っている場合がある。その場合にはソリッドスキン層の厚みも重要である。

発泡体には図5に示すように,気泡が連続している連続気泡と気泡がつながっていない独立気泡がある。フィルターのように液体や気体を通す必要があるときや,柔軟性,防音性が要求される用途には連続気泡が用いられる。剛性,断熱性が必要な用途には独立気泡が用いられる。

5 身の回りにある代表的な発泡プラスチック製品

5.1 発泡ポリスチレン
5.1.1 押出法ポリスチレンフォーム(XPS)

ポリスチレンを連続的に押出発泡成形したもの,もしくはブロックから切り出した板状または筒状の保温材である[4]。50倍程度に膨張させ,厚みが20〜100 mmの製品が多く,一般建築,戸建住宅,畳等の断熱材として多く使用されている。図6に製品写真を示した。

5.1.2 発泡スチレンシート(PSP)

ポリスチレンを発泡剤とともに1〜3 mmの厚みで押出して,ロール状に巻き取ったものである[5]。製品が薄いため,Tダイではなく,丸ダイ(サーキュラーダイ)が使用

 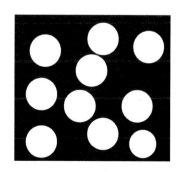

図5 発泡体の構造
左:連続発泡体,右:独立発泡体

図6　断熱材として用いられる押出法ポリスチレンフォーム
（ダウ化工HPより引用，http://www.dowkakoh.co.jp/product/styrofoam.html）

図7　発泡スチレンシート（PSP）からできた製品例
（デンカポリマーHPより引用，http://denkapolymer.co.jp/catalog/view/700）

されることが多い。真空成形によりスーパーマーケット等で食品を包装する食品トレー等に加工される。図7にPSPの食品トレーの写真を示した。

5.1.3　発泡スチロール（EPS）

ビーズ発泡法による発泡ポリスチレン成形品である[6]。発泡剤を含浸させたポリスチレンのペレットを加熱して50倍程度に膨張させたビーズを金型内に投入し，蒸気で加熱してビーズ間を融着させることで成形を行う。図8に発泡スチロールの製品例を示した。

5.2　発泡ポリエチレン

架橋発泡ポリエチレンシートは耐薬品性，クッション性に優れるため，野球場フェン

第1章　発泡体・多孔質体

 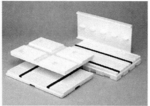 

図8　ビーズ発泡ポリスチレン成形品の例
(JSP HPより引用, http://www.co-jsp.co.jp/product/product03_1_001.html)

図9　押出発泡ポリエチレンシートの製品例
(JSP HPより引用, http://www.co-jsp.co.jp/product/product01_2_001.html)

ス，断熱防水シート，建築目地等に使用されている。無架橋押出ポリエチレンシートは複数枚貼り合せて厚い板に成形，打ちぬきを行って精密機器輸送用の緩衝材として用いられる他，薄肉シート状で表面保護材として使用されている（図9）。ネット状に押出した発泡ポリエチレンは果物等の梱包用に使用されている（図10）。ビーズ発泡ポリエチレンは耐衝撃性に優れるため，電機・電子機器の梱包資材として多く使用されている（図11）。

5.3　発泡ポリプロピレン

　無架橋押出発泡シートは段ボール代替や引越しの養生に用いられる。架橋発泡シートはクッション材としPVCや熱可塑性エラストマーと積層されて，自動車の内装材等に使用されている。ビーズ発泡ポリプロピレンは自動車のバンパー等に取り付けられる衝撃吸収部材やサンバイザーに用いられている。ポリプロピレンの射出発泡製品は，自動車のドアトリム，インスツルメントパネル・コアやパレット等の輸送資材に用いられている。

図10 押出発泡ポリエチレンネットの商品例
（インターナショナル・ケミカルHPより引用，http://www.interchemix.co.jp/products/luckron/index.html）

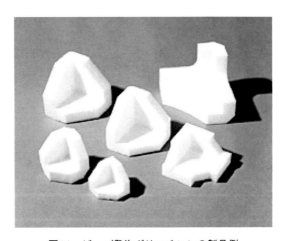

図11 ビーズ発泡ポリエチレンの製品例
（JSP HPより引用，http://www.co-jsp.co.jp/product/product02_2_019.html#L）

5.3.1 ビーズ発泡ポリプロピレン

耐熱性と寸法精度に優れ，自動車用バンパーの緩衝材（特に衝突に対する基準が厳しい欧州向け）や家電品・精密機器の緩衝包装材，自動車のサンバイザー部品等にも用いられている（図12）。

5.3.2 架橋発泡ポリプロピレンシート

電子線で架橋した発泡ポリプロピレンシートは自動車内装用表皮材と積層されてクッション層として用いられる。発泡倍率は15〜30倍の独立気泡の発泡体である（図13）。

第1章　発泡体・多孔質体

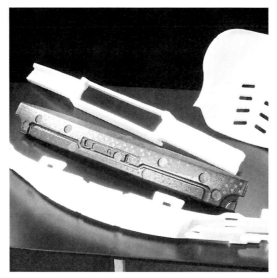

図12　ビーズ発泡ポリプロピレンの製品例
（カネカHPより引用，https://www.kaneka.co.jp/recruit/business/03.html）

自動車ドア内装材

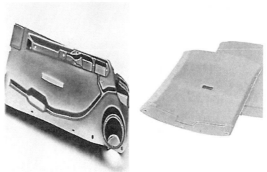

自動車インパネ材　　**自動車天井材**

図13　架橋押出発泡PPの製品例
（積水化学工業HPより引用，http://www.sekisui-ff.com/ja/html/seihin/softlon_sp.html）

5.3.3 非架橋発泡ポリプロピレン

厚みが概ね1〜5mmで発泡倍率が1.3〜5倍程度の独立気泡の剛性があるポリプロピレンシートであり，梱包資材等に用いられている（図14）。

5.3.4 発泡ブローポリプロピレン

ブロー成形において発泡させた製品も実用化されている。図15には自動車用ダクトの例を示した。発泡体の軽量化効果と断熱性が活かされている。

5.3.5 射出発泡ポリプロピレン

射出発泡成形によるポリプロピレン発泡体は自動車部品の軽量化のために多く用いられるようになってきた。図16には自動車のインスツルメントパネルに用いられた例を示

図14　非架橋押出発泡PPの製品例
（住化プラステックHPより引用，http://www.sumikapla.co.jp/j/main_pd02_html）

第1章　発泡体・多孔質体

図15　発泡ブロー成形品（PP＋PE）の製品例
（キョーラクHPより引用，http://www.krk.co.jp/products/car/car01.html）

図16　微細射出発泡成形によるタルク入りポリプロピレンのインパネ
（名古屋プラスチック工業展2015，トレクセル・ジャパンブースの展示より）

す。また，板厚方向に金型キャビティを拡大する「コアバック」法を併用して軽量化と剛性を両立させている。図17にはコアバック法を用いたドアトリムの例を示した。

図17 射出発泡成形によるドアトリム
(河西工業HPより引用,https://www.kasai.co.jp/product/cabintrim/)

文　　　献

1) 特開平05-98057
2) 特開2005-305659
3) 特開2008-7534
4) 押出発泡ポリスチレン工業会HP,http://www.epfa.jp/
5) 発泡スチレンシート工業会HP,http://www.jasfa.jp/
6) 発泡スチロール協会HP,http://www.jepsa.jp/

第2章　発泡成形と発泡剤

1　発泡成形とは

　プラスチックの発泡成形とは，発泡性プラスチックを成形して多孔質プラスチックを得る技術である。発泡成形ではない一般的なプラスチック成形では，融かす工程，流す工程，固める工程から成り立っている。発泡成形ではそれらに加えて，発泡性を付与する工程と，気泡を発生させて成長させる工程，気泡の成長を停止させる工程（通常は固める工程によって気泡の成長が停止する）が追加される。

2　発泡剤の種類と特徴

　発泡剤は発泡成形において気泡を形成するためのガスを供給する物質であり，化学発泡剤と物理発泡剤に大別される。また，発泡性マイクロカプセルは物理発泡剤であるが，取り扱いが化学発泡剤に似ている。超臨界流体は物理発泡剤の一つの形態であるが，微細射出発泡成形を理解する上で極めて重要なため，分けて解説する。

2.1　化学発泡剤

　化学発泡剤は有機系発泡剤と無機系発泡剤に分類され，それぞれは更に熱分解型と反応型に分類される。有機系の熱分解型発泡剤では，ADCA（アゾジカルボンアミド），DPT（N,N'-ジニトロソペンタメチレンテトラミン），OBSH（4,4'-オキシビスベンゼンスルホニルヒドラジド）等がよく用いられる。無機系の熱分解型発泡剤には炭酸水素塩，炭酸塩，炭酸水素塩と有機酸塩の組合せ等がある。後述する射出発泡成形では重曹（炭酸水素ナトリウム）系発泡剤が好んで用いられる。

　炭酸水素ナトリウムの分解反応（二酸化炭素発生）において，分解物である水の存在が分解速度に影響することがわかっており，分解温度を下げる傾向にあるため，発泡剤を吸湿させないような注意が必要である[1]。

　化学発泡剤はクエン酸塩や酸化亜鉛と併用することで気泡径を小さくすることが可能である。例えば，有機系であるOBSHにクエン酸塩と酸化亜鉛を併用する例が特許文献に示されている[2]。無機系化学発泡剤と高級脂肪酸塩の併用も気泡の結合・合一を防い

表1　代表的な化学発泡剤とその特性

	化学名	略称	化学式	分解温度(℃)	主な分解ガス
有機系	ジニトロソペンタメチレンテトラミン	DPT	$\begin{array}{c}H_2C-N-CH_2\\ON-N\quad\quad N-NO\\H_2C-N-CH_2\end{array}$	205	N_2
有機系	アゾジカルボンアミド	ADCA	$H_2N-C-N=N-C-NH_2$ (両C=O)	200〜210	N_2, CO, CO_2
有機系	p,p'-オキシビスベンゼンスルホニルヒドラジド	OBSH	$H_2N-N-S-\bigcirc-O-\bigcirc-S-N-NH_2$	155〜160	N_2, H_2O
無機系	炭酸水素ナトリウム	重曹	$NaHCO_3$	140〜170	CO_2, H_2O

で気泡を微細化する効果があり，特許文献では重曹，クエン酸塩，タルク（発泡核剤）にステアリン酸リチウムを併用する配合処方が示されている[3]。

　重曹系，重曹＋クエン酸塩系発泡剤は，無味無臭で分解残渣が無毒であるため，食品包装用途向けの押出発泡製品や自動車の内装材用途の射出発泡製品に多く使用されている。分解温度が140〜160℃付近であるため，ポリプロピレンの成形温度より50〜70℃低く，ちょうど使いやすい。発泡剤そのものは粉末であるが，ポリエチレン等のプラスチックに20〜40％程度の濃度で混ぜたマスターバッチとして使用されることも多い。

　表1には代表的な化学発泡剤の特徴を，図1にそれらの熱分解特性を示した。図中に示した矢印は標準タイプの熱分解挙動である。

2.2　物理発泡剤

　物理発泡は，高圧下でプラスチックにガスや超臨界流体を溶解させ，圧力低下あるいは加熱によって溶解度を低下させることによって気泡を生成させる発泡方法である（溶解度は圧力が高いほど，温度が低いほど高くなる）。

　液化ガスとして代表的なものにフロンと炭化水素がある。これらは溶融プラスチックに対する溶解度が非常に高いため，押出発泡で高発泡倍率を得る目的で使用されている。また，フロンは熱伝導率が低く，気泡壁を透過しにくいため，断熱材用途で多く使用されている。これらの物理発泡剤はオゾン層破壊，地球温暖化，可燃性・毒性の問題もあり，無害な窒素，二酸化炭素への代替が検討されているが，プラスチックに対する溶解度が低いため，高倍率の発泡体を得るためのもう一工夫が求められる。窒素の溶解

第2章　発泡成形と発泡剤

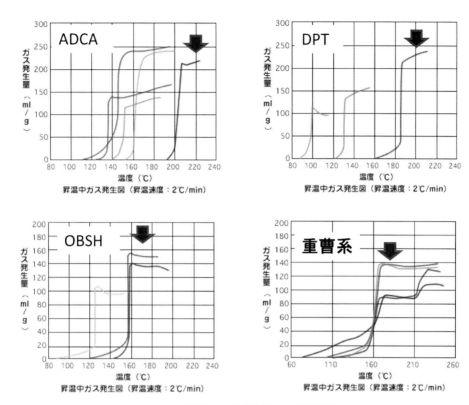

図1　代表的な化学発泡剤の熱分解挙動
（永和化成工業HPより引用。ただし矢印は標準品を示すために著者が加筆した）
ADCA系：http://www.eiwa-chem.co.jp/product/vinyfor.html
DPT系：http://www.eiwa-chem.co.jp/product/cellular.html
OBSH系：http://www.eiwa-chem.co.jp/product/neocellborn.html
重曹系：http://www.eiwa-chem.co.jp/product/cellborn.html

度は更に小さい。図2にポリスチレンに対する主要な物理発泡剤の飽和溶解度曲線[4]を示した。

　物理発泡剤は供給する圧力が高い方が、溶解量が多くなる。図3にベント式射出成形機のベント口から加圧した二酸化炭素を供給して溶解させたときの二酸化炭素供給圧力と溶解した二酸化炭素の量の関係を示した。供給圧力と溶解量はほぼ比例し、ヘンリーの法則が成立している[5]。

　図4は図3と同じ特許文献に記載されている図であり、二酸化炭素の溶解量の圧力依存性がプラスチックの種類によって異なり、大きく2つのグループに分かれることを示している[5]。溶融プラスチックにガスが溶解する際には、ポリマー分子が引き合う力に逆らって引き離す必要がある。そのため、ポリマー分子同士が引き合う力が強い極性ポ

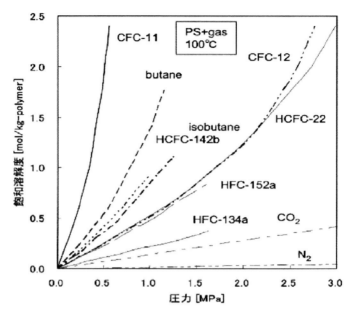

図2 ポリスチレンに対する主要な物理発泡剤の飽和溶解度曲線（100℃）
（滝嶌繁樹, 発泡成形, p.103, 情報機構（2008）より引用）

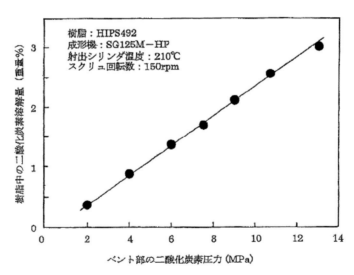

図3 ベント式射出成形機のベント部から二酸化炭素を供給したときの
二酸化炭素供給圧力と二酸化炭素溶解量の関係
（WO01/096084記載の図より引用）

リマーでは溶解度は小さく，引き合う力が小さいポリオレフィンは溶解度が大きくなる傾向にある。

第2章　発泡成形と発泡剤

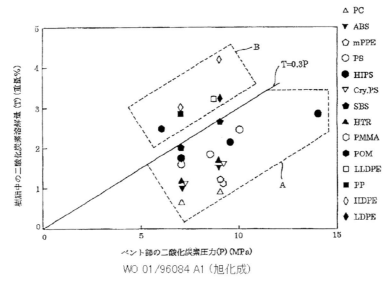

図4　樹脂種を変えた場合のベント部加圧と溶解する二酸化炭素量の関係
（WO01/096084記載の図より引用）

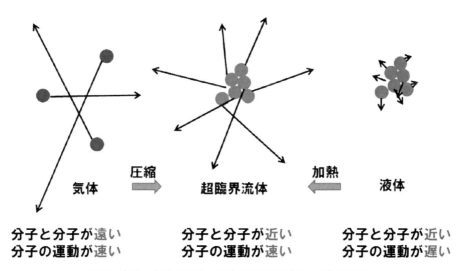

図5　気体，超臨界流体，液体の分子間距離および分子運動

2.3　超臨界流体

　液体は分子間の距離が近くて分子の運動速度は遅い。一方，気体は分子の距離は離れており分子の運動速度は速い。液体の温度を上昇させていくと分子運動が盛んになり，気体の圧力を上昇させると分子間距離が近くなる。高温高圧の条件にすると，分子間距

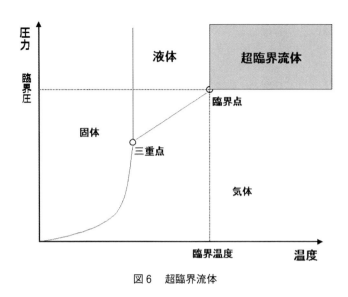

図6　超臨界流体

離が近く，分子運動が速い状態にたどり着き，もはや液体と気体の区別がつかなくなる。この液体と気体の両方の性質を併せ持った状態を超臨界状態と呼び，その物体を超臨界流体と呼ぶ（図5）。また，このような状態が得られる温度，圧力をそれぞれ臨界温度（Tc），臨界圧力（Pc）と呼び，図6に示すように臨界温度・臨界圧力以上の領域が超臨界流体である。ただし，液体と超臨界流体との間あるいは気体と超臨界流体の間には相変化はなく，連続的に変化する。

発泡成形の発泡剤として用いられる超臨界流体は窒素と二酸化炭素であり臨界温度，臨界圧力は窒素：$Tc=126\,\mathrm{K}$（$-147.0\,°C$），$Pc=3.39\,\mathrm{MPa}$，二酸化炭素：$Tc=304.2\,\mathrm{K}$（$31.1\,°C$），$Pc=7.37\,\mathrm{MPa}$である。図3のグラフでは，二酸化炭素の臨界圧力（7.38 MPa）を挟んで溶解性に大きな変化はなく，溶解度は圧力に比例していることから，超臨界流体になると急激に溶解性が高くなるということはない。

発泡剤（窒素や二酸化炭素）がプラスチックに溶解した後は，例え圧力・温度ともに上記臨界圧力，臨界温度以上になっても，溶解した発泡剤は超臨界状態とはいわない。プラスチックに溶解した二酸化炭素や窒素の分子は，気体並みの速さで分子運動するわけではない。

超臨界流体を発泡剤として用いる利点の一つは注入量が正確に制御できる点にある。超臨界流体を用いるもう一つの利点は，圧力が高いことにより大量の発泡剤を溶融樹脂に溶解させることができることである。

超臨界流体は微細発泡を得るための発泡剤としてよく知られている。超臨界二酸化炭

第2章　発泡成形と発泡剤

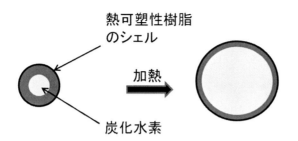

図7　熱膨張性マイクロカプセルの構造としくみ

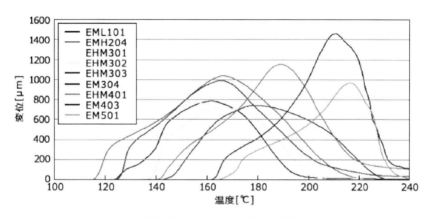

図8　熱膨張性マイクロカプセルの膨張特性
(積水化学工業HPより引用，http://www.sekisui.co.jp/cs/product/type/advancell/em/index.html)

素等を高圧下でプラスチック材料に導入・飽和溶解し，常圧に減圧することで無数の微細気泡を材料全体に発生させることができる。文献6）の例では気泡径はおよそ2μm以下になる[6]。

2.4 熱膨張性マイクロカプセル

　熱膨張性マイクロカプセルは炭化水素をプラスチックのカプセルでくるんだものであり，温度が高くなるとカプセルが軟化するとともに炭化水素が気化して風船を生じる（図7）。カプセルは保管時にガスが抜けないガスバリア性プラスチック（例えばポリアクリロニトリル）が用いられる。熱膨張性マイクロカプセルは，カプセルが破裂しない限り成形品の表面にシルバーストリーク，スワールマークが発生せず，良外観が得られるという特長がある。

19

マイクロカプセルタイプの発泡剤の特性評価には一般的にTMA（熱機械分析）を用いた昇温による体積変化のグラフが用いられる（図8）。温度上昇とともに体積は膨張するが，ある温度を境に収縮する。これは，高温域でカプセルが破れるためである。

　マイクロカプセルの膨張特性は中の揮発成分の種類とカプセルの物性に依存しており，グレードによって膨張開始温度，膨張ピーク温度が異なるバリエーションがある。特にカプセル材の粘弾性挙動が発泡剤としての特徴を決定している。カプセル材の架橋度を最適化することで発泡倍率と製品外観を両立させることができる[7]。すなわち，架橋が十分でないとカプセルが容易に破裂し，架橋が過剰だと十分に膨らまない。

文　　献

1) S. Yamada, N. Koga, *Thermochimica Acta*, **431**(1-2), 38-43 (2005)
2) 松野耕二，大村直久，特開2000-264993（2000）
3) 都築佳彦，大村直久，樋口諭，特開2004-323726（2004）
4) 滝嶌繁樹，発泡成形，p.103，情報機構（2008）
5) 山木宏，WO01/096084（2001）
6) S. W. Cha, N. P. Suh, D. F. Baldwin, C. B. Park, US Patent 5158986 (1992)
7) Y. Kawaguchi, D. Ito, Y. Kosaka, M. Okudo, T. Nakachi, *Polym. Eng. Sci.*, **50**(4), 835-842 (2010)

第3章　発泡成形の種類

1　はじめに

　発泡成形とは，発泡性のプラスチックを成形して多孔質成形品を得る成形方法である。プラスチックに発泡性を付与するために発泡剤が用いられることは第2章で解説した。本章では，発泡成形の種類について解説する。

　熱可塑性プラスチックの成形工程は「融かす」，「流す」，「固める」の3工程から成る。発泡成形では更に「気泡が発生する」，「気泡が成長する」，「気泡の成長が停止する」という工程が加わる。発泡成形を大きく分類すると，固相発泡と液相発泡に分けられる。固相発泡は，「融かす」から「固める」までを先に行い，その後に発泡工程を行う。一方で，液相発泡は「融かす」から「固める」に至る工程と同時進行的に気泡の発生から成長の停止までが起こる。固相発泡には，ビーズ発泡，バッチ発泡，プレス発泡，常圧二次発泡が挙げられる。液相発泡としては，射出発泡，押出発泡，発泡ブローが挙げられる。

2　ビーズ発泡

　ビーズ発泡はいわゆる発泡スチロールの製造に用いられる成形方法として知られており，ポリスチレン以外のプラスチックにも多く用いられている。ビーズ発泡の特長は形状を自由に設計できることと，高倍率の発泡成形品が得られる点にある。ビーズ発泡の工程は，予備発泡，熟成，成形，養生に分けられる。図1に発泡スチロール協会ホームページより引用したビーズ発泡ポリスチレン（EPS）の製造工程を示した。

　予備発泡の工程は，直径1mm程度の大きさに揃えられたPS，PP，PE等のペレット（ミニペレット）に発泡剤を含浸したもの（原料ビーズ）を蒸気加熱により発泡させ，一定の大きさ，一定の比重の発泡ビーズにする工程である。発泡剤としてはペンタン・ブタン等の炭化水素が多く用いられる。発泡剤をミニペレットに含浸させる工程は一般的に水に分散した状態で行われる。

　近年は押出機で溶融させたプラスチックに発泡剤である炭化水素を注入して，ダイから押出して水中でペレット状にカットする方法も提案されている[1]。文献1）によると，

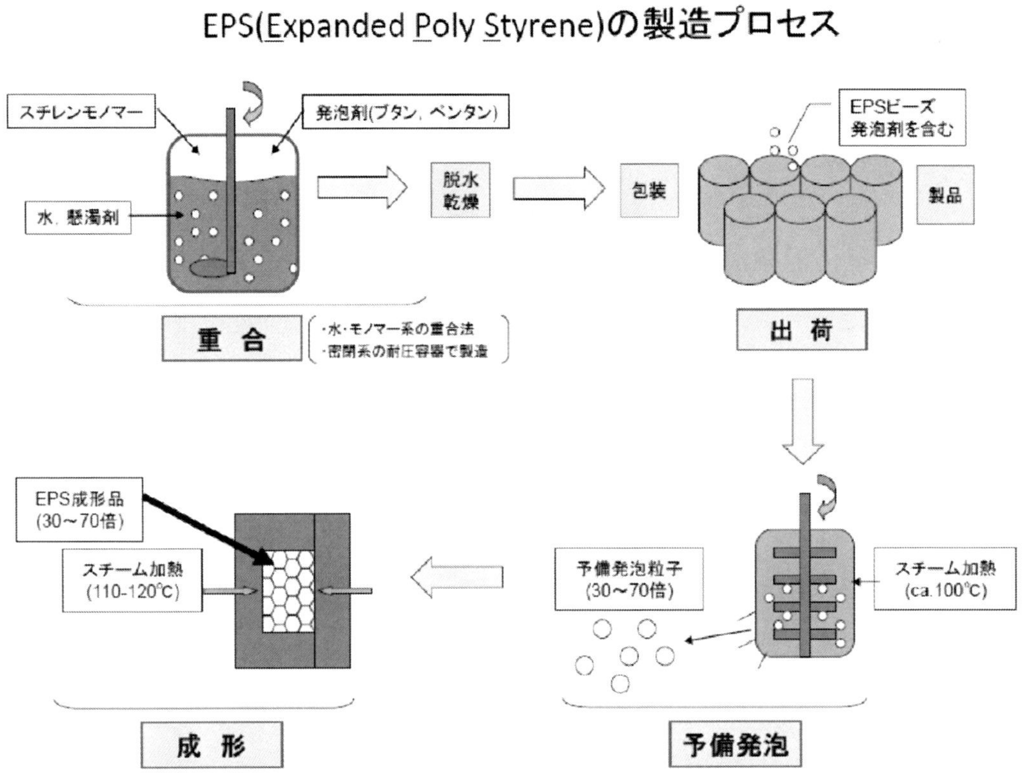

EPS(Expanded Poly Styrene)の製造プロセス

図1　発泡スチロール（EPS）の製造工程
（発泡スチロール協会HPより引用，http://www.jepsa.jp/styrofoam/img/EPS_process.pdf）

　汎用の成形用ポリスチレンに押出機中でペンタン等を注入して，水温と水圧を調整しダイ孔から押出してペレットカットすることで，発泡倍率が1.2程度に微発泡した発泡性ペレットを作製し，蒸気加熱によって予備発泡粒子（ビーズ）を得る方法が記載されている。

　発泡剤として炭化水素を使わない方法も検討されている[2]。文献2）によると，ポリエステルプラスチック（例えばポリエチレンテレフタレートやポリカーボネート）のペレットを耐圧容器に入れ，4～8MPaのガス（例えば二酸化炭素）に含浸して6％以上溶解させ，圧力を解放することで予備発泡粒子を得る方法が記載されている。

　予備発泡の直後は気泡内のガス圧は高いが，冷却されると発泡剤が凝縮するために負圧になる。そこで，熟成工程では気泡内が常圧の空気に置き換わるまで待つのである。発泡工程では金型に発泡ビーズを入れて蒸気で加熱することで発泡ビーズがさらに膨らみ，融着するとともに，金型キャビティに沿った形状になる。養生工程では金型から取

第3章　発泡成形の種類

り出した製品を乾燥するとともに，気泡内部の圧力を整えて寸法精度や強度を一定のレベルに整える。

ビーズ発泡ポリスチレン（発泡スチロール）の緩衝包装材は代表的な用途であるが，ビーズ発泡ポリプロピレンは自動車のバンパー等の衝撃吸収部品，ビーズ発泡ポリエチレンは家電製品の緩衝包装材としても使用されている[3]。

ポリスチレン，ポリプロピレン，ポリエチレン以外の材料にもポリアミド樹脂の発泡用ビーズ[4]，ポリ乳酸の発泡ビーズ[5] が提案されている。文献4）では，ポリアミド6のペレットを高圧容器中で二酸化炭素を含浸させる方法が記載されている。文献5）では，ポリ乳酸のペレットに高圧下でブタンを含浸させて予備発泡粒子を得る方法が記載されている。

ビーズ発泡は高倍率の成形品が得られるという特長があるが，表面の強度や外観品質に劣るという欠点がある。その欠点を補う方法も検討されている。例えば，パウダースラッシュ法で成形した表皮を金型に挿入してポリプロピレン等のビーズを成形して積層する方法[6]，成形の際の金型温度を200～250℃にすることで，気泡が消失はしていないが気泡径が小さくなっている層（スキン層）を形成する方法も提案されている[7]。

3　バッチ発泡

バッチ発泡は，実験室レベルでも簡単に行えるため，学術研究で多く用いられている発泡手法であるが，特殊な用途において実生産で用いられている。予備成形されたプラスチック片を耐圧容器（オートクレーブ）に入れ，発泡剤（超臨界二酸化炭素が多く用いられる）に浸漬して飽和するまで含浸した後，圧力解放あるいは一度取り出して加熱によって気泡を発生させる発泡成形法である（図2）。発泡剤のプラスチックに対する溶解度はガスの圧力が高いほど，温度が低いほど良く溶ける。したがって，飽和させた後に急激な減圧あるいは急激な昇温によって多数の微細な気泡を発生させることができる。

圧力解放によって発泡させる場合は，オートクレーブ中でプラスチックのガラス転移温度（Tg）以上を維持しながら急減圧する。

昇温によって発泡させる場合は，オートクレーブ中でいったんプラスチックのTg以下まで冷却し，ガスが含浸したプラスチックを取り出してから急速加熱する。この方法の特長は，大量の物理発泡剤（ガス）を溶解して多数の気泡を発生させることと，Tg付近で発泡させるために気泡の粗大化が避けられて微細気泡が得られる点にある[8]。文

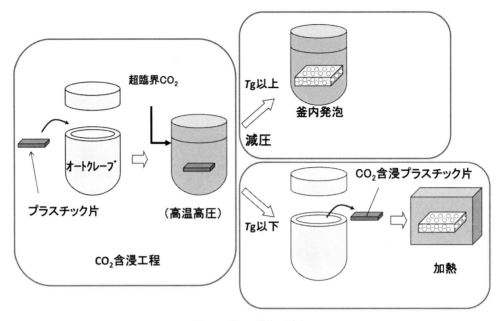

図2　バッチ発泡の流れ

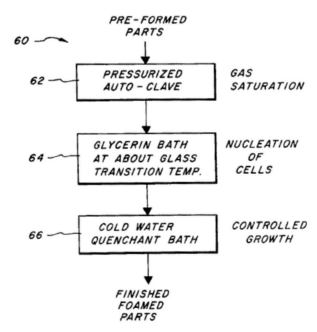

図3　米国特許4473665に記載されている超臨界流体によるバッチ発泡プロセス

第3章　発泡成形の種類

献8）では，図3に示すプロセスフローが示されている。すなわち，予備成形されたプラスチックをオートクレーブ中でガスを飽和させ，オートクレーブから取り出した後に加温したグリセリン浴中で気泡を生成させ，続いて冷水に浸けて気泡の成長を停止させる流れが示されている。図4は文献8）に示された微細な発泡体の断面写真である。

　バッチ発泡が量産品の生産に用いられている具体的な例として，光反射用微細発泡シートが挙げられる。図5には特許文献に記載されたPEN発泡体の断面写真を示した。

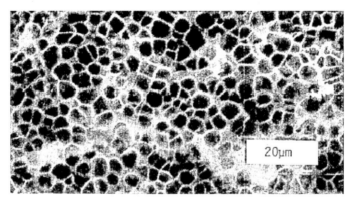

図4　米国特許4473665に記載されている発泡プロセスで得られた発泡体断面写真

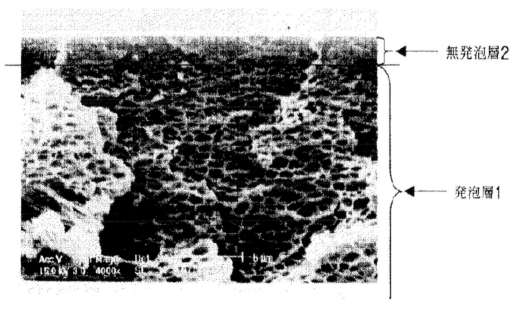

図5　バッチ発泡法によるPEN樹脂発泡体の断面写真

実施例によると，厚み0.5 mmのPEN樹脂を約6 MPaの二酸化炭素に7日間浸漬した後に取り出し，180℃で1分間加熱して微細発泡体を得ている。この方法により表面にごく薄い未発泡層を持つ反射率の高いシートが得られる[9]。

4　プレス発泡

プレス発泡は靴底の成形等でよく用いられる発泡成形法である。原料プラスチックと化学発泡剤，架橋剤，架橋助剤を低温でミキシングロール等の混練手法によって混合したシートを作製しておく。この時点では化学発泡剤，架橋剤は分解していない。そのシートを加熱プレスの金型内に入れて架橋を進行させながら発泡を行う。架橋と発泡のタイミングが非常に重要である。プレス発泡法で成形された発泡体の用途としては，履物のクッション層等が挙げられる。

5　常圧二次発泡

PP，PE等のプラスチックに化学発泡剤，架橋剤，架橋助剤を混ぜながら押出してシート化し，次工程で電子線架橋や化学架橋したシートを製造しておく。架橋シートを加熱炉で発泡させることで発泡シートが得られる。高倍率で柔軟性，復元性，耐熱性に優れるシートが得られ自動車内装表皮材のクッション層や自動車の天井材[10]等として使用されている。

6　発泡ブロー

ブロー成形にはプラスチックを押出機で押出したパリソンを金型に挟んで空気圧で膨らませる押出ブロー成形と射出成形で成形した試験管形状の成形品（プリフォーム）を加熱延伸した後に膨らませる射出延伸ブローがあり，発泡技術との組合せが行われている。

押出発泡ブロー成形は発泡性プラスチックを押出した気泡を含んだ円筒形状のパリソンを対になった金型で挟んだ後に空気圧で中空形状に成形する。最近では断熱性を活かして自動車空調用のダクトに採用された例もある。図6に特許文献に記載されたダクトの形状と製品断面の気泡形状を示す[11]。

射出延伸ブローで発泡成形品を得る方法としては，窒素を溶解させたPET樹脂を金

第3章　発泡成形の種類

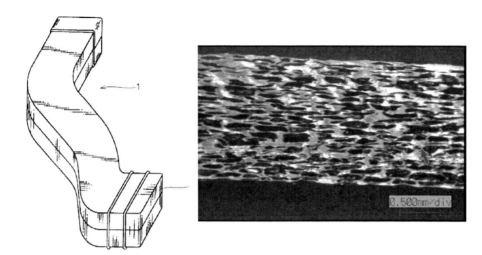

図6　発泡ブロー成形による自動車用ダクトの例
左：ダクトの外観形状，右：断面の気泡形状[11]

型内加圧（カウンタープレッシャー）した状態で射出成形することで，気泡やスワールマークが存在しないプリフォームを成形し，そのプリフォームを延伸ブローの加熱工程で発泡させて発泡容器とする方法が知られている[12]。

7　押出発泡

押出発泡成形は発泡性プラスチック（発泡剤を混合したプラスチック）を押出機で押出す成形方法であり，ダイで断面形状を決め，ダイから出たプラスチックが発泡する。図7，8には押出発泡成形の装置例を示した[13,14]。図7，8ともにボンベで供給される二酸化炭素を発泡剤として使用している。発泡剤の溶解速度は溶融プラスチックの温度が高い方が速いが，ダイから出るときのプラスチックの温度は低い方が好ましいため，図8のタンデム式押出発泡成形装置を使う場合には後段の押出機の温度設定を低くする。図7のように一段の場合，押出機のL/Dを長めに設計して，下流で溶融プラスチックの温度を下げられるようにする。

気泡の生成はダイをプラスチックが流れる際の圧力降下によるため，ダイ形状が非常に重要である。そのために一度流路を狭めた後に広げる方法が提案されている（図9）[15,16]。ダイから出た後は大気に触れるため，それほど厚いスキン層は生成しないが，ダイの形状を工夫し，ダイ内で徐々に冷却することでスキン層を持たせている例もある[17]。

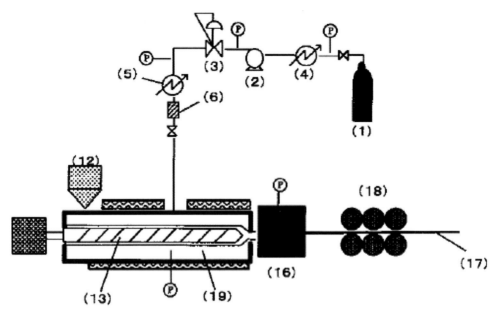

図7　押出発泡成形の装置例（特開2003-292662より引用[13]）
(1)液化二酸化炭素ボンベ, (2)定量ポンプ, (3)保圧弁, (4)冷媒循環器, (5)ヒーター, (6)流量計, (12)ホッパー, (13)スクリュー, (16)T-ダイ, (17)発泡シート, (18)冷却ロール, (19)押出機

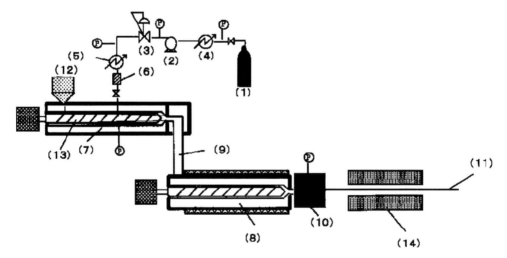

図8　タンデム式押出発泡成形装置の例（特開2001-206969より引用[14]）
(1)液化二酸化炭素ボンベ, (2)定量ポンプ, (3)保圧弁, (4)冷媒循環器, (5)ヒーター, (6)流量計, (7)第1押出機, (8)第2押出機, (9)連結部, (10)ダイス, (11)発泡シート, (12)ホッパー, (13)スクリュー, (14)冷却装置, (15)プランジャーポンプ

第3章　発泡成形の種類

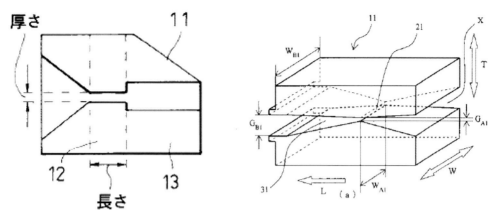

図9　ダイにおける圧力を調整して良好な気泡状態を得るためのダイの構造例
左：特許第3655436号に記載の例[15]，右：特開2008-137391より引用[16]

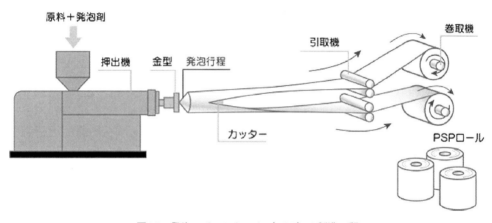

図10　発泡スチレンシート（PSP）の製造工程
（発泡スチレンシート工業会HPより引用，http://www.jasfa.jp/psp/manufacturing-method.html）

　押出発泡は薄肉製品から厚肉製品まで広く対応できる成形方法である。薄肉製品例としては食品トレーの成形に用いられるポリスチレンシート（PSP）が挙げられる。図10にPSPの製造工程概要を示した。厚肉製品の例としては，住宅の断熱材として用いられる押出法ポリスチレンシート（XPS）が挙げられる。図11にXPSの製造工程の概要を示した。肉厚で高倍率の発泡シートを得るために，マルチストランドダイ（図12）も用いられている[18]。

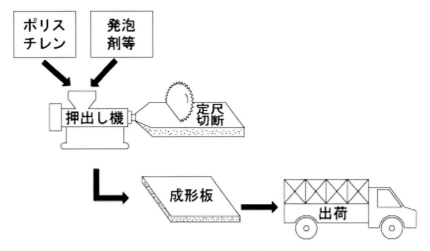

図11　押出法ポリスチレンフォーム（XPS）の製造工程
（押出発泡ポリスチレン工業会HPより引用，http://www.epfa.jp/xps_product.html）

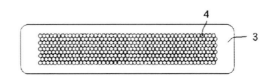

図12　マルチストランドダイを用いた厚肉発泡製品の製造方法
（特開2008-127872の図4より引用[18]）

8　射出発泡

　射出発泡成形とは射出成形のプロセスにおいて発泡性を持った溶融プラスチックを金型内に射出充填することによって気泡構造を持った成形体を得る成形技術である。使用する発泡剤の種類によって射出成形機を発泡成形用にモディファイすることが必要になる。

　成形用プラスチックに発泡性を付与する方法には大きく分けて2つの方法がある。1つは，発泡剤を含んだプラスチックを原料として用いる方法，1つは成形機の中でプラスチックと発泡剤を混ぜる方法である。発泡剤を含んだプラスチックには物理発泡剤が含浸されたプラスチックである場合と，プラスチックと発泡剤（化学発泡剤やマイクロカプセル）が混合された場合がある。これらのケースでは，通常の射出成形機がそのまま使用できる。

　成形機の中でプラスチックと発泡剤を混ぜる方法は特に不活性ガスを発泡剤として用

第3章 発泡成形の種類

いるときに使用され,射出成形機に発泡剤を注入するための機構を持った専用の射出成形機が必要になる。

文献19)によると,耐圧容器中で30℃以下かつ6.5 MPa以下の条件でプラスチックペレットに二酸化炭素を含浸(0.2〜2.9%)させ,容器から取り出したプラスチックペレットを速やかに既存の射出成形機に投入して成形することで発泡成形品が得られることが記載されている[19]。二酸化炭素の含浸にはおよそ1日要し,溶解量は重量増加分の測定から求める。ポリカーボネート,ポリプロピレンを用いて成形した例では,気泡径が30〜200 μmで比重低減率が15〜18%の発泡成形品が得られている。二酸化炭素は非晶領域のみに溶解するので,半結晶性(例えばポリプロピレン)あるいは非結晶性(例えばポリカーボネート)のプラスチックに適用可能な方法である。

発泡剤として化学発泡剤やマイクロカプセルを用いる方法では,成形材料であるプラスチックと発泡剤をドライブレンドで成形機に投入することで,成形機内部でプラスチックと発泡剤が混合されて発泡成形品が得られる方法である。このプロセスは特殊な設備が不要であり通常の射出成形機がそのまま使用できる(厳密にはシャットオフノズルが有る方が良い)ため,簡単に発泡成形をテストするには向いている。一方で発泡剤の材料コストは無視できないレベルである。

物理発泡剤を用いる場合には,物理発泡剤(例えば窒素,二酸化炭素)の注入設備が必要であるとともに,注入された物理発泡剤が上流(ホッパー側)に逆流しないような特殊なスクリュー構造が必要になる。注入口をバレルに設ける場合は,計量によるスクリュー後退が起こるため,計量ストロークに制限ができる。

射出発泡成形にはショートショット法とフルショット法がある。ショートショット法は金型キャビティ容積よりも少ない容量の溶融プラスチックを射出し,気泡の拡大の力を使いながら充填が進む成形方法である。図13にはショートショット法の充填イメージを示した。射出成形機から射出されて金型のキャビティに流れ込んだ溶融プラスチックはゲートを通過した後に圧力解放されて気泡が生じる。気泡の拡大分が金型キャビティ容積に不足する分を補ってキャビティを完全充填させる。ショートショット法で得られる軽量化の効果は製品形状・金型形状に依存するが,概ね10%程度である。

フルショット法は,金型キャビティ容積と等しい体積の溶融プラスチックを金型キャビティ内に充填し,固化収縮分を気泡の発生・拡大で補う考え方の発泡成形方法である[20,21]。イメージ図を図14に示した。特に厚肉製品(例えば事務机の肘掛)におけるヒケ防止で用いられる手法であり発泡剤の添加量は少量にして表面にスワールマーク(シルバーストリーク)が発生しない条件で成形を行う。フルショット法では軽量化の効果

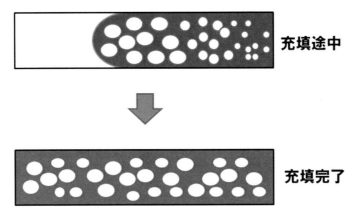

図13　射出発泡成形におけるショートショット法

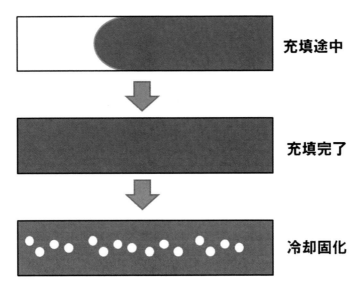

図14　射出発泡成形におけるフルショット法

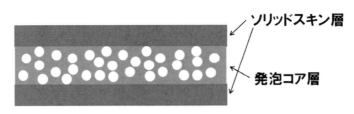

図15　一般的な射出発泡成形品の断面構造

第3章　発泡成形の種類

が小さく3～5％程度である。

　射出発泡成形の代表的な用途としてストラクチュアルフォームが挙げられる。ストラクチュアルフォームは古くから使われている構造部材用発泡成形品である。一般的に射出発泡による成形品は金型に接触した部分に気泡が存在しないソリッドスキン層を形成し，ソリッドスキンに挟まれる形で発泡コア層を形成する。図15にはストラクチュアルフォームの断面のモデル図を示した。

　射出発泡成形において，金型内における溶融プラスチックの流動は前述のように気泡の拡大に助けられるため，金型内圧力がそれほど高くならず，型締力が小さくて済む。ストラクチュアルフォームの設計上の利点は，ソリッド成形品よりも軽い，大型製品に対応可能，厚肉製品も可能，金型コストが安価，ヒケが目立たない等の点である。ソリッドに比べた製品の利点としては，剛性と重量のバランスが良い，製品のひずみが小さい，断熱性に優れる，遮音性に優れる，電気絶縁性に優れる等が挙げられる。

　ストラクチュアルフォームの欠点は製品表面に気泡に由来する流れ模様（スワールマーク）が生じる点であるが，充填時に金型内をガスで加圧（ガスカウンタープレッシャー）しておくことでスワールマークを解消することも行われている。

文　　献

1)　特開2013-136688
2)　特開2013-67740
3)　特開2005-239000
4)　特開2011-105879
5)　特開2011-213968
6)　特開平11-953
7)　特開2013-256059
8)　米国特許4473665
9)　特開2003-145657
10)　特開2002-137305
11)　特開2009-241528
12)　特開2014-218259
13)　特開2003-292662
14)　特開2001-206969
15)　特許第3655436号

16) 特開2008-137391
17) 特開2003-266522
18) 特開2008-127872
19) 特開2006-328319
20) 特開平6-100722
21) 特開2004-300260

第4章　不活性ガスを発泡剤として用いる射出発泡成形

1　超臨界流体を用いた微細射出発泡成形技術

1.1　微細発泡成形とは

　微細発泡成形技術はMIT産学協同高分子成形加工プログラム（1973年発足）から生まれた技術である。このプログラムは，プラスチックは化石である石油を原料にしているため，少しでもプラスチックの使用量を減らしたい，すなわち材料の物性を維持し，部品形状を変えることなくプラスチック材料を節約する技術を開発したいという動機からスタートしている。

　プラスチック成形品の強度を決定づけるのは，プラスチックの内部に存在する小さな構造欠陥であることは理解されていた。そこで，その構造欠陥よりも小さなボイドであればいくら多くても強度に影響しないはずであると考え，ミクロンオーダーの微細気泡を多数発生させる方法の検討が開始された。微細な気泡を多数発生させる方法として，超臨界流体を発泡剤として，飽和するまで溶解させて，急激な圧力や温度の変化を与えることで微細気泡を発生させることに成功した。

　1980年代にMITで基本技術（基礎研究と応用開発研究）が確立し，1993年からライセンス事業としてTrexel Inc.に引き継がれ，MuCell®という名称で技術ライセンスされている（MuCellはTrexel Inc.の登録商標である）。微細発泡（マイクロセルラー）は，発泡セル径がおよそ100 μm以下で，気泡密度が10^8個／cm^3以上である発泡体であり，それを得る成形方法が微細発泡成形である。

　開発当初は大幅な軽量化が可能といううたい文句であったが，近年では軽量化よりも寸法安定性，ソリ・ヒケ防止が主な目的として広く採用されている。また，最近になって，製品設計から見直すことで25％以上軽量化された例も見られている。

1.2　微細発泡成形と超臨界流体

　微細射出発泡成形では，発泡剤として超臨界流体（窒素，二酸化炭素）が用いられる。液体の温度を上昇させていくと分子運動が盛んになり，気体の圧力を上昇させると分子間距離が近くなる。高温高圧の条件にすると，分子間距離が近く分子運動が速い状態にたどり着き，もはや液体と気体の区別がつかなくなる。この液体と気体の両方の性

質を併せ持った状態を超臨界状態と呼び，その物体を超臨界流体と呼ぶ。また，このような状態が得られる温度，圧力をそれぞれ臨界温度（Tc），臨界圧力（Pc）と呼ぶ。発泡成形の発泡剤として用いられる窒素と二酸化炭素の臨界温度，臨界圧力はそれぞれ，窒素：$Tc=126$ K（-147.0℃），$Pc=3.39$ MPa，二酸化炭素：$Tc=304.2$ K（31.1℃），$Pc=7.37$ MPaである。

　超臨界流体を発泡剤として用いる利点の一つは注入量が正確に制御できる点にある。詳しくは微細射出発泡成形のための設備の項で触れる。超臨界流体を用いるもう一つの利点は，圧力が高いことにより大量の発泡剤を溶融プラスチックに溶解させることができることである。大量に溶解させて急激に減圧することで大量の気泡を発生させる。

1．3　バッチプロセスによる微細発泡

　バッチ発泡は，予備成形されたプラスチック成形品をオートクレーブに入れ，超臨界流体に浸漬し，圧力解放あるいは加熱によって気泡を発生させる発泡成形法である。プラスチックに溶解するガスの圧力が高いほど，温度が低いほどよく溶ける。従って，飽和させた後に急激な減圧あるいは昇温によって気泡を発生させることができる。

　圧力解放によって発泡させる場合は，オートクレーブ中でプラスチックのガラス転移温度（Tg）以上を維持しながら急減圧する。昇温によって発泡させる場合は，オートクレーブ中でいったんプラスチックのTg以下まで冷却し，ガスが含浸したプラスチック成形品を取り出してから急速加熱する（図1）。この方法の特長は，大量の物理発泡剤（ガス）を溶解して多数の気泡を発生させることと，Tg付近で発泡させるために気泡の粗大化が避けられて微細気泡が得られる点にある。図2には特許[1]に記載された微細気泡の写真を示した。

1．4　バッチから射出へ

　MITの初期の特許には，上記バッチプロセスを射出成形に適用するアイディアが示されている[1]。図3に示すプロセスは，成形するプラスチック材料にガスを予め飽和量まで均一に溶解させておき，気泡が生じないように加圧を維持しておく。その後，加圧して気泡核の生成を防いだ状態を維持しながら成形を行う。成形した後に圧力を解放して，プラスチック材料のガラス転移温度付近まで昇温することで気泡核を生成し，急激に冷却して固化させることで微細気泡構造を得る方法である。

　この方法を射出成形のプロセスに適用するには，気泡の成長を防いで成形する工程や金型内でガラス転移温度付近まで昇温する工程に困難があり，実用化されていない。

第4章 不活性ガスを発泡剤として用いる射出発泡成形

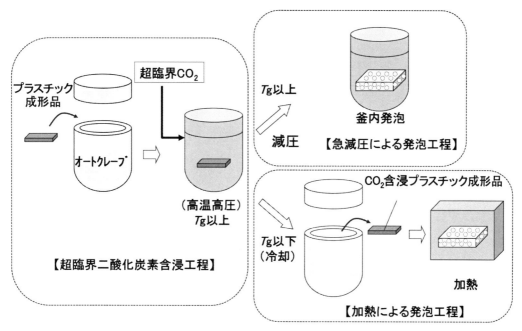

図1 オートクレーブを用いたバッチによる微細発泡プロセス

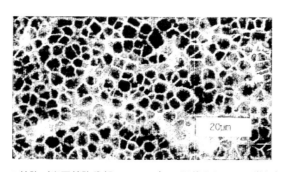

図2 MITの特許（米国特許公報4473665）に記載されている微細気泡の写真

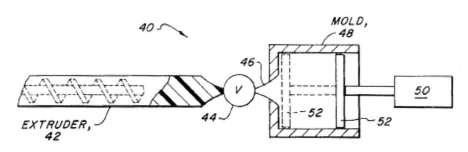

図3 MITの特許（米国特許公報4473665）に記載されている射出発泡プロセス

1.5　成形プロセスで行う微細発泡の基本原理

図4はMITによる特許[2]に示されているプロセスの概念図である。まず発泡剤である超臨界流体を溶融したプラスチックに混ぜる。混合が進むと完全な溶解に到達（単一相溶解物）する。単一相溶解物は英語でsingle phase solutionであり単一相溶液という記述もあるが，超臨界流体にプラスチックが溶けるのではなく，プラスチックに超臨界流体が溶けるので，「溶解物」としている。

ここで高圧を維持していると単一相は維持されるが，急に減圧すると，発泡剤は過飽和となり気泡を生じる。この変化が急激であれば急激であるほど同時に多くの場所で気泡が発生する。すなわち減圧が急激であるほど気泡の数は多くなり，個々の気泡は小さくなる。溶融プラスチックに溶かす超臨界流体の量も発生する気泡の数に影響する。溶解量が多いほど気泡数が多くなる。次に気泡を含んだ溶融プラスチックを冷却固化させると気泡の成長は停止する。

発泡剤である超臨界流体の溶解量は，溶融プラスチックにかかる圧力が高いほど多くなる。ここで重要なことは，減圧までは溶解の維持に必要な圧力を維持して単一相溶解物を維持することである。単一相が形成できず，発泡剤が局在する部分が存在すると後述する粗大気泡（ブリスター）が発生する。減圧速度が緩やかであると，発生する気泡

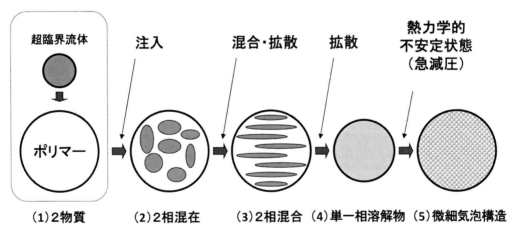

図4　MIT特許（米国特許公報5866053）に記載された，熱可塑性樹脂の成形工程における微細発泡の概念図
　　(1)発泡剤である超臨界流体の注入
　　(2)2相混在状態
　　(3)2相が混合し，拡散が進行している状態
　　(4)発泡剤が溶解して単一相溶解物を形成した状態
　　(5)熱力学的に不安定な状態を経て微細気泡が形成した状態

第 4 章　不活性ガスを発泡剤として用いる射出発泡成形

数が少なく，個々の気泡径は大きくなる。

1.6　微細射出発泡成形のための設備

　微細射出発泡成形を行うためには専用の設備が必要となる。具体的には，①超臨界流体発生・供給装置，②超臨界流体注入装置，③専用のバレル，④専用のスクリュー，⑤シャットオフノズルが必要となる（図5）。

　超臨界流体発生・供給装置は，ガス源（通常はボンベ）から供給される窒素や二酸化炭素をブースターポンプで加圧して超臨界流体を生成する機能と超臨界流体を一定の流量で送り出す機能を担っている非常に重要な装置である。ここから送り出された超臨界流体は超臨界流体注入装置を介して成形機のバレル内に注入される。微細射出発泡成形では，計量工程内の一定時間だけ注入が行われ，それ以外の時間においては，バイパス弁を介して超臨界流体発生・供給装置に回収される。1回の計量工程における超臨界流体の注入量は超臨界流体発生・供給装置が送り出す流量と注入時間の組合せで決まる。超臨界流体は一度に多く注入しないように注意する必要がある。通常は計量時間の約50%の時間をかけて注入する。同じ重量の超臨界流体を注入するならば，注入時間を長く，流量を小さくする方が均一な混合が実現できる。

　一般的に，物理発泡剤の供給方法には液体ポンプ方式とガスポンプ方式がある（図6）。(a)の液体ポンプシステムは発泡剤として二酸化炭素を使用する際によく用いられるシステムであるが，窒素に適用できない。ポンプの吐出量を安定させるために，ポンプと減圧弁（下流側の圧力を制御する弁）の間に背圧弁（上流側の圧力を制御する弁）

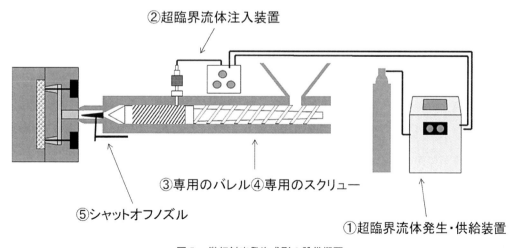

図5　微細射出発泡成形の設備概要

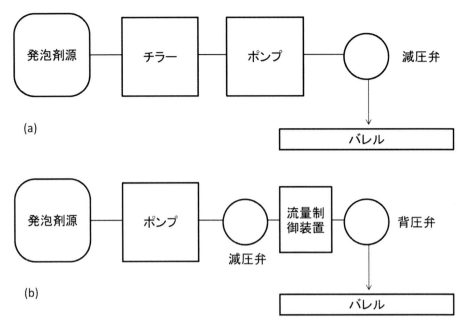

図6　一般的な発泡剤供給システム
(a)液体ポンプシステム，(b)ガスポンプシステム

を配置することも行われる。ポンプの下流側の圧力を一定に保つことにより，圧力変動による体積変化をなくすことが可能になるためである。(b)のガスポンプシステムは，流量制御装置の上流と下流の圧力差によって流量を制御する方法であり，窒素にも二酸化炭素にも適用できる。微細射出発泡成形ではガスポンプシステムが採用されている。

　超臨界流体注入装置からバレル内に注入された超臨界流体は専用のスクリューのフライトに掻き取られることで，小さな液滴になる。図7には微細射出発泡成形の装置における，超臨界流体注入口および専用スクリューの一部を示した[3]。溶融プラスチックは図中左側から図中65が示しているゾーンに流入する。ここで図中54から注入された超臨界流体は図中65のフライトにより掻き取られて小さな液滴として溶融プラスチック中に存在するようになる。超臨界流体の液滴を含む溶融プラスチックは，次の計量の際に図7中60で示すゾーンに進み，計量時のスクリュー回転によって溶融プラスチックと完全混合され，単一相溶解物を形成する。計量されて射出を待っている単一相溶解物は飽和圧力以上の圧力を維持する必要があり，そのためにシャットオフノズルと背圧維持機構が必要になる。言うまでもなく必要な圧力は飽和圧力以上であり，「臨界圧力以上」ではない。

第4章　不活性ガスを発泡剤として用いる射出発泡成形

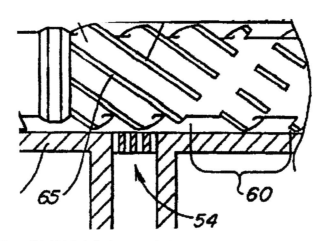

図7　微細射出発泡成形における超臨界流体の注入口と専用スクリュー
54：超臨界流体の注入口，60：スクリューの混合ゾーン，65：スクリューの掻き取りゾーン
（米国特許公報62848101号の図）

1.7　微細射出発泡成形の利点

微細射出発泡成形プロセスの利点の多くは気泡の拡大が充填を助けることに由来する。意外なことに，気泡が小さいことによる利点を活かした用途はあまり知られていない。代表的な産業上の利点は，①軽量化，②薄肉化，③ソリ・ヒケ解消，④寸法精度向上，⑤型締力低減，⑥成形サイクル短縮等である。

1.7.1　軽量化

微細射出発泡成形ではプラスチックの中に気泡を生成させ，気泡を実質的に含まないソリッドスキン層（あるいは単にスキン層）と気泡を含むコア層から成るサンドイッチ構造をとっている。そのため，気泡が占める体積分だけ比重が下がる。現実的な比重低下は8～15%程度であるが，ゲートからの流動長や金型内圧力に依存する。厚みに対する流動長（L/t）が長いほど密度低下の効果は小さくなる。また，金型内圧力が高いほど密度低下は小さくなる。すなわち流動長が長くなると，ゲート付近の金型内圧が高くなり気泡が収縮することで軽量化効果が小さくなる。

1.7.2　薄肉化

微細射出発泡成形では流動性がよいため，「充填するための肉厚」から解放される。製品厚みは，その製品の特性上必要な厚みにすればよい。実際の製品では厚み0.3 mmまで実績がある。

1.7.3　ソリ・ヒケ解消

通常の射出成形では金型内で固化収縮する分を保圧によって補う。しかしながら，こ

の保圧工程が金型内の溶融プラスチックの圧力に分布を生じさせ，不均等な収縮を起こさせる。これがソリの原因となる。微細射出発泡成形では，プラスチックの固化収縮分を気泡の拡大で補うため，金型内の圧力が均等にかかり，ソリを抑制することができる。

　通常の射出成形では，厚肉部分・ボス・リブ部分にヒケが生じる。ヒケは冷却が遅れる部分に生じる。この現象は，冷却が遅れる部分の周囲が先に固化することで保圧の圧力が伝わらず，遅れて起きる固化収縮を補うことができないために発生する。微細射出発泡成形では固化収縮を気泡の拡大で補うので，ヒケが起こらない。

1.7.4　寸法精度向上

　微細射出発泡成形ではソリッド成形に較べて収縮率がやや大きくなるが，製品内での収縮は均等になる。通常のソリッド成形に較べると重量のばらつきはやや大きくなるが，寸法のばらつきは小さくなる。そのため，重量ではなく寸法で管理することを納入先との間で理解し合い，合意する必要がある。

1.7.5　型締力低減

　微細射出発泡成形は基本的に低圧成形である。通常の射出成形は溶融プラスチックの圧力を高めて流し込むため，キャビティ内圧力が高くなる。MuCellプロセスでは気泡の拡大が充填を助けることと，キャビティの充填量が少なくなることによりキャビティ内圧力が低くなる。その結果，型締力は40～70％に下げることが可能になる。

1.7.6　成形サイクル短縮

　MuCellプロセスでは保圧の代わりに気泡の拡大で固化収縮を補うため，成形機の条件設定上，保圧時間は実質的にゼロである。その分ソリッド成形よりも成形サイクルが短縮される可能性がある。また，気泡が存在しないスキン層と発泡コア層のサンドイッチ構造になっているため，金型内において製品が持っている熱量の多くはスキン層に偏在しており，効率よく冷却されると考えられる。ただし，厚みが3mmを超えると内部まで冷却するために必要とされる冷却時間が長くなり，冷却が不十分であると後膨れが発生する。

1.8　利点を引き出す金型・製品設計

　微細射出発泡成形に用いる金型は通常の射出成形用金型に比べて特別な注意が必要である。ゲート位置は肉厚が薄い場所に配置し，薄い方から厚い方に溶融プラスチックを流動させるようにする。これは，気泡の拡大によって流動が進むことを考えると理解しやすい。ベントは通常の射出成形に比べて多め・大きめに配置する。微細射出発泡成形

第 4 章　不活性ガスを発泡剤として用いる射出発泡成形

では発泡剤として用いられる窒素や二酸化炭素が流動末端から放出されるため，金型から排出すべきガス量が多いためである。冷却は通常の射出成形以上に均一に行う。冷却不足によるホットスポットが生じると，型開き後に後膨れが生じることがある。入れ子やスライドも可能な限り冷却するとよい。

微細射出発泡成形の利点を十分に引き出すためには製品設計段階から考慮すべき点がある。その代表例を図8〜10に示した。

プラスチックの成形品では強度の要求ではなく，充填上の要求から過剰に肉厚を厚くしている場合があるが，微細射出発泡成形における流動性向上を利用して薄肉化する方法（図8）では，例えばソリッドの厚み2.5 mmから発泡成形で厚み2.0 mmにすることで，体積を20％削減するとともに発泡による比重低減を併せて約25％以上の軽量化が達成される。

微細射出発泡成形のメリットであるヒケが目立たないことを活かした軽量化の手法もある。図9の例では，天面を薄くしてリブを太くすることで軽量化しながら強度を維持することが可能になる。

コアバック法によって重さを変えずに製品厚みを増す方法もある。図10の例ではソリッドの2.5 mmに対して1.8 mmから2.9 mmまで拡張（平板であれば発泡は1.6倍）した際に剛性を維持して28％軽量化できている。

図8　流動性向上により薄肉化する例

図9　天面とリブの厚み最適化して軽量化する例

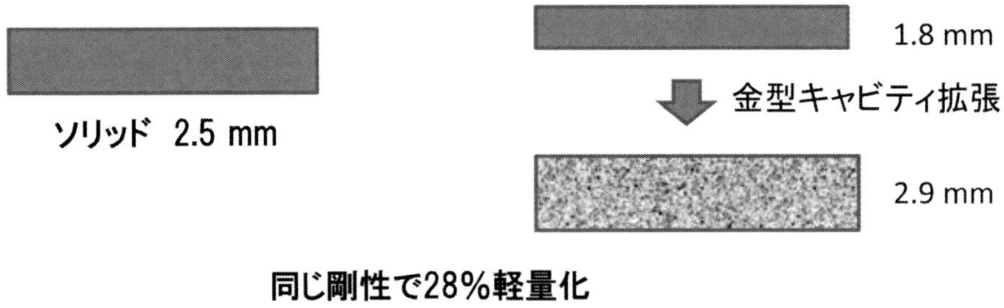

ソリッド　2.5 mm

1.8 mm
金型キャビティ拡張
2.9 mm

同じ剛性で28％軽量化

図10　コアバック（金型キャビティ拡張）により剛性を維持して軽量化する例

1．9　微細射出発泡成形のトラブルシューティング

1．9．1　ブリスター

　製品のごく表層に発生する膨れと，内部に発生する膨れがある。内部に発生するものは大きく，1cm位になることもある。いずれも膨れの内部は平滑であり，大きな気泡と考えてよい。これは発泡剤である超臨界流体が分離している場合に起こりやすい。表面近くにできるブリスターは通常1mm以下の小さいものである。ゲート部での剪断が大きすぎる場合に起こりやすく，射出速度を落とすことが有効である。

1．9．2　後膨れ

　図11に後膨れの写真を示す。製品を十分に冷却しないうちに取り出すと，板厚中央部や冷却が足りない部分で十分に固化していない場合があるが，このような部分が気泡内のガス圧で膨らみ，破泡が進行することがある。ブリスターとの違いは切り出した内部がざらざらしている点である。ガス圧によって内部の気泡が破れ，引き裂かれ，外見的には膨れが起こる。発泡剤の量を減らし，冷却を十分行うことで解消できることが多い。本来は製品設計時，金型設計時に厚肉部を避けたり，ホットスポットが生じないような冷却配管の配置を検討しておくべきである。

1．9．3　スワールマーク

　スワールとは渦巻きのことであるが，射出発泡成形において製品表面に生じる筋状あるいは渦巻き状の凹凸を伴った模様（図12）をスワールマークと呼ぶ。これは流動末端で発生した気泡が破裂した後に成形品表面で引き伸ばされてできた痕であり，気泡が引き伸ばされている様子は図12の顕微鏡写真からよくわかる。原料のプラスチックが吸湿して発生するシルバーストリーク（銀条）とメカニズムは同じであるが，射出発泡成形の場合は気泡の数が圧倒的に多いために，成形品の表面全体に筋ができるのである。スワールマークは後述する他の不良と異なり，外観部品以外では許容される。スワール

第4章 不活性ガスを発泡剤として用いる射出発泡成形

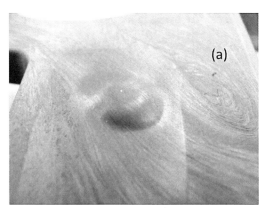

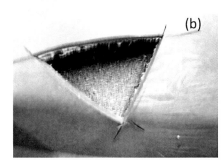 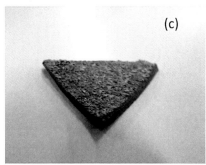

図11 微細射出発泡成形品の後膨れ
表面(a)と切り出した内部(b), (c)

 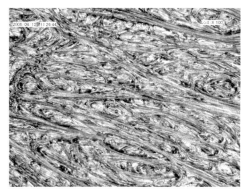

（顕微鏡写真）

図12 代表的なスワールマークの表面写真

マークを不良に分類するかどうかは用途によって異なるが，スワールマークが発泡製品の用途拡大を妨げていることには違いない。

45

スワールマークを解消する方法には，考え方として，気泡を発生させない，気泡を破裂させない，できたスワールマークを金型転写によって消す方法がある。

気泡を発生させない状態で充填完了させ，冷却固化の過程で気泡を発生させる方法であれば，スワールマークは生じない。この考え方は非常に少量の発泡剤で高速充填することで達成される。ただし，発泡剤が少ないことから，厚肉製品のヒケ防止等に限定され，高発泡倍率は期待できない。

発生した気泡を破裂させない方法としては，気泡内のガス圧力に対向して金型内の圧力を高める方法（ガスカウンタープレッシャー法），溶融プラスチックの粘度を高めて流動末端での気泡拡大を抑える方法が用いられている。ガスカウンタープレッシャー法は最後には金型キャビティ内に残るガスを排気しないとショートショットの原因になる。溶融プラスチックの粘度を高める方法としては，高分子量成分と低分子量成分の組合せによって，高流動性と泡持ち性（流動末端における気泡を包み込む溶融プラスチックの粘度に関係する）を両立させている。

気泡を破裂させない他の方法としては発泡剤をプラスチック材料のカプセルで包む方法も実用化されている。すなわち，マイクロカプセル型の発泡剤の利用である。発泡剤のマイクロカプセルはペンタン等の炭化水素系発泡剤をポリアクリロニトリル等のガスバリア性に優れるプラスチックのカプセルでくるんだものである。環境温度が高まると，カプセルの軟化と内部の圧力上昇によってカプセルが膨らんで発泡体が得られるが，一定温度以下で成形すればカプセルが割れず，スワールマークが生じない。

スワールマークを金型転写によって消す方法としては，ヒート＆クール技術との組合せが実用化されている。射出充填時の金型キャビティ内面温度がプラスチックの軟化温度よりも高い場合，流動末端で気泡が割れてスワールマークができても，キャビティ内圧力によって成形品表面が金型内面に押しつけられ，金型内面を転写することでスワールマークが消失する。通常のヒート＆クール成形と異なり，発泡成形では一般にキャビティ内圧力が低いため，低いキャビティ内圧力でも転写できる金型温度を選ぶ必要がある（図13）。より高いキャビティ内面温度を得るために，電気ヒーターや電磁誘導加熱方式による金型加熱方法が選択されていくと予想される[4]。

ヒート＆クール技術の代わりに金型キャビティ内面に熱伝導率が小さい層を設ける断熱金型も有効である。また，固化速度を制御して，冷却されても一定時間は流動性を保っているような材料も開発されており，ヒート＆クールを併用しなくても外観に優れた成形品が得られている。

第4章 不活性ガスを発泡剤として用いる射出発泡成形

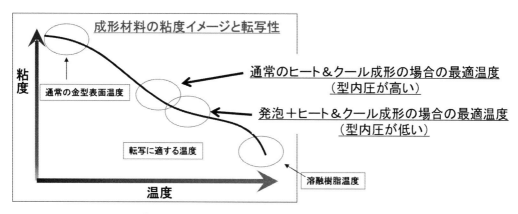

図13 通常のヒート&クール成形と発泡成形+ヒート&クール成形の
最適金型温度の違いのイメージ図

1.9.4 微細射出発泡成形専用の材料

ナイロン樹脂には発泡向け銘柄が存在する。これは，結晶化速度を遅くすることで，金型内のプラスチック材料の温度が下がった後も転写が進むことで，金型転写によってスワールマークを消失させることを狙った材料である。発泡成形以外でも，このような結晶化速度が遅い特性は，ウェルドが目立たない，シボ転写がよい等のヒート&クール成形で得られる効果が特別な金型を使わなくても得られる。SolvayのTechnyl XCellが代表的であるが，近年は多くのナイロン樹脂メーカーが結晶化速度を遅くした銘柄を投入している。

このように結晶化速度を遅くした材料はナイロン系にとどまらない。日本ポリプロの出願の中に，メタロセン触媒を用いた特定のプロピレン-エチレン共重合体を用いるとウェルドが目立たず，微細形状の転写性に優れるという特長が記載されている[5]。おそらく，この材料は発泡成形でもスワールマークが出ないという特長を持つと予想される。射出発泡成形に適した特性のポリプロピレンが本格的に市場投入されれば，発泡成形の用途は大きく拡大することが期待される。

1.10 微細射出発泡成形の用途

微細射出発泡成形は，自動車の内装部品やレーザープリンターの内部部品に多く用いられるようになってきた。図14に自動車用途における用途例を示した。

図14　微細射出発泡成形の製品例（自動車分野）
（いずれもTrexel Inc. HPより）

1.11　今後の可能性

近年，微細射出発泡成形の技術開発は急速に進み，製品設計・金型設計・専用材料の技術開発と流動解析による事前予測が可能になってきている。自動車用途を中心にさらに用途が拡大していくと期待される。また，気泡が微細であることによる機能が発見されれば新規の用途展開も大いに期待できる。

2　超臨界流体を用いない物理発泡

2.1　非超臨界ガス発泡技術の基本思想

前節で解説した超臨界流体を用いる微細射出発泡成形は発泡剤である超臨界流体（窒素，二酸化炭素）を精度良く注入することが可能であるが，設備が複雑であるために設備コストが高いという問題点があった。その一方で，化学発泡剤は材料コストが高くなるため，設備コストを抑えた物理発泡技術の開発も多く行われてきた。

それらの技術に共通しているのは，発泡剤である不活性ガス（窒素，二酸化炭素）を「注入」するのではなく，一定の空間に加圧して送り込んで自然に拡散溶解させるため，設備が非常に単純化できている点にある。なお，以下に紹介するプロセスは，超臨界流

第4章　不活性ガスを発泡剤として用いる射出発泡成形

体を使う必要がない方式ではあるが，技術的には超臨界流体を使用することが可能である。

2.2　旭化成のプロセス

図15は発泡が目的ではなく，二酸化炭素を溶解させることによる流動性向上を利用した成形技術に関する出願の中に記載されたシステムの図であるが，ガスの溶解方法は発泡成形と共通の考え方である[6]。すなわち，二酸化炭素等のガスボンベから供給されたガスを減圧弁によって所定の圧力に調整し，二段圧縮構造のスクリューを備えた射出成形機にガスを供給し，溶融プラスチックにガスを溶解させる。ガス供給部分ではスクリューの溝が深くなっており，ガスが供給できる構造になっている。

二酸化炭素ガスの供給部分に溶融プラスチックが逆流することを防止するために，逆流防止弁が取りつけられる（図16）。

図17は同じ出願の中に記載されたガス供給部における二酸化炭素の圧力とHIPSに対

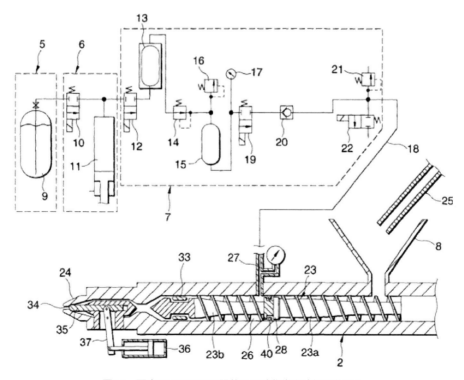

図15　再表01/91987に記載の二酸化炭素溶解の仕組み
図中の5は二酸化炭素ボンベ，14は減圧弁，15はメインタンク，27はガス供給部である。

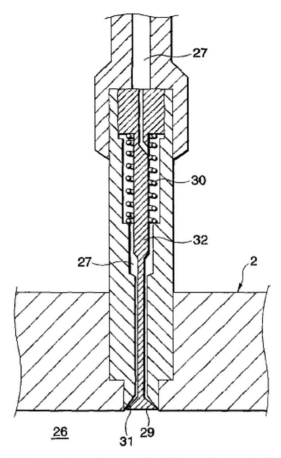

図16　再表01/91987に記載の二酸化炭素導入部における逆流防止弁

する二酸化炭素の溶解量の関係を示したものである。この方式ではガス供給部の圧力と溶解量はほぼ比例関係にある。なお，この例では成形直後の成形品の重量を測り，大気中で24時間放置し，引続き80℃の真空乾燥機中で48時間乾燥した後の重量との差をもって二酸化炭素の溶解量としている。供給した二酸化炭素の圧力を見ると2～13 MPaの範囲で行われており，二酸化炭素はガス状態から超臨界状態の広い範囲で試験されているが，超臨界であるかどうかに関わらず，供給部の圧力と溶解量は比例関係にある。

2.3　三井化学のプロセス

図18に示すプロセスはコアバックを含んでいるが，ガスの溶解に係る部分は上記のプロセスと基本的に同じである[7]。ガスを導入する部分のスクリュー溝は深く，この部分における溶融プラスチックの圧力が低くなっている。表1には計量工程（この工程中に

第4章 不活性ガスを発泡剤として用いる射出発泡成形

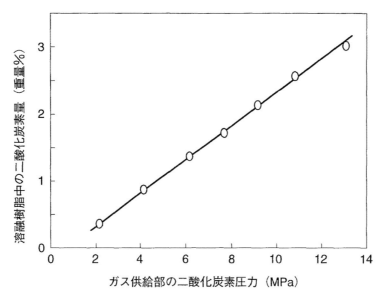

図17 再表01/91987に記載されているガス供給部における二酸化炭素の圧力と溶融樹脂（HIPS）中の二酸化炭素量の関係

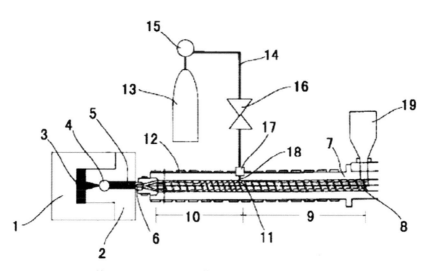

図18 特開2002-79545に記載の二酸化炭素による発泡方法の図

二酸化炭素を溶解させる）におけるガス圧力と計量背圧と成形品の状態を示す[8]。計量背圧をガスの導入圧力よりも低くして，ガス導入部分の溶融プラスチックの圧力を極小にする必要があることを示している。

このようにガスの圧力が低いプロセスではガスの溶解量が少なく，微細気泡を生じさ

表1　特開2004-306296に記載の表

	実施例1	実施例2	比較例1	比較例2
CO_2注入圧（MPa）	2	2	2	2
背圧（MPa）	4	3	2	1
製品厚み（mm）	2.7	2.7	2.5	成形できず
最大セル径（μm）	250	250	250	
成形品表面の平面性	平面	平面	凹凸有り	
シルバーストリーク	無し	無し	無し	

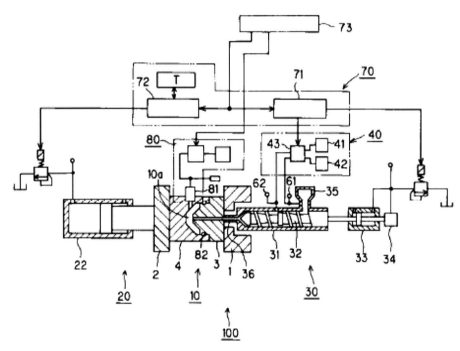

図19　特開2007-54994に記載されている発泡プロセス

せることは困難であり，気泡核を生成させるための助剤が必要になる。例えば，文献7）には「反応による核剤としては，化学発泡剤が挙げられる。化学発泡剤は，射出成形機のシリンダー中で分解し，その発泡残渣が発泡核剤となりうる。」，「特にポリオレフィンに対してはポリカルボン酸と無機炭酸化合物の併用が好ましく，特にクエン酸と炭酸水素ナトリウムを併用した物に微セル化効果…」，「これらの化学発泡剤の添加量としては，原料樹脂に対して，0.01～1重量％が好ましい。」と記載されており，無機系化学発泡剤を少量添加することが有効である[7]。

第4章　不活性ガスを発泡剤として用いる射出発泡成形

表2　特開2007-54994に示された実施例

	実施例1	実施例2	実施例3	実施例4	実施例5
発泡性ガス種類	CO_2	CO_2	N_2	CO_2	空気
発泡性ガス圧	0.9	0.5	0.9	0.5	0.7
気泡核形成剤	5	5	5	5	5
化学発泡剤	−	−	−	−	−
圧力調整ガス種類	CO_2	CO_2	N_2	N_2	空気
圧力調整ガス圧	0.9	0.6	0.9	0.3	0.7
樹脂成形性	○	○	○	○	○
製品外観	○	○	○	△	○
塗装性能	○	○	○	○	○
生産性	○	○	○	○	○
発泡倍率	2.0	1.9	2.0	1.9	2.0
発泡状態	○	○	○	○	○

2.4　宇部興産機械のプロセス

　図19は文献9）に記載されている発泡プロセスである。特徴はガスの供給圧力を1MPa以下に限定することで，高圧ガスの規制を回避することを狙ったところである。2005年に幕張メッセで開催されたIPF2005ではエコプレストとして実演紹介されており，発泡剤として空気から分離膜によって分離された窒素ガスが使用されていた。なお，原料ホッパーを気密化してホッパーにもガスを供給することでガスの溶解を助けている。

　供給されるガスの圧力が低いために気泡核形成剤の併用が必要であり，文献9）には「気泡核形成剤としては，…タルク，炭酸水素ナトリウム（重曹）等の無機物の微粉末；…ステアリン酸亜鉛，…の金属塩；クエン酸，酒石酸等の有機酸等を挙げることができる。」と記載されている。

　表2には文献9）に記載の実施例を示した。ここでは射出充填後に金型キャビティを拡張（コアバック）している。ベースのプラスチック素材としてポリプロピレン，気泡核形成剤としてはタルクが用いられている。

2.5　住友化学のプロセス

　図20は文献10）に示された発泡プロセスの装置である。金型が竪型締である点を除くと前述の3社のものと基本的に同じである。

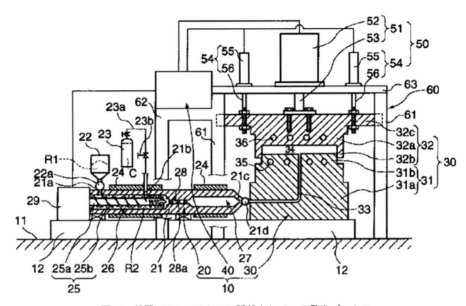

図20 特開2002-178351に記載されている発泡プロセス

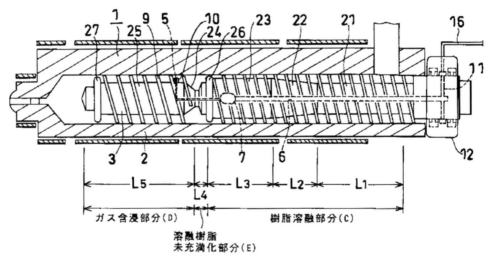

図21 特開2002-205319に記載されている二酸化炭素溶解の仕組み
16がガス導入管，11がガス導入路，12がシールボックス，5がガス供給口である。

2.6 積水化学工業のプロセス

図21は文献11)に記載された，スクリュー内を通ってガスを供給する仕組みである。スクリューは図15と同様に二段圧縮構造になっている。この方式の特徴はガス導入の経路がスクリューの中を通ることで，常に同じスクリュー溝深さの位置からガスが供給さ

第4章　不活性ガスを発泡剤として用いる射出発泡成形

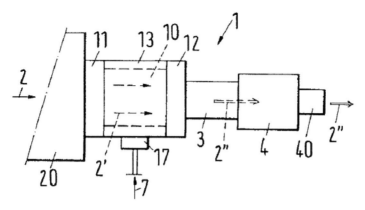

図22　特開2006-306098に記載されている射出成形機の先端に付加して，多孔質金属を介して発泡剤と溶融樹脂を接触させる方法
7が発泡剤流路，10が多孔質金属からなる浸潤部，2が溶融樹脂であり2"は発泡剤が溶解した溶融樹脂，4はスタティックミキサーである。

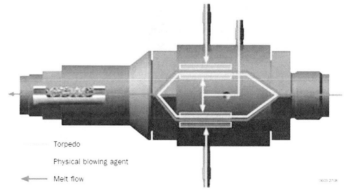

図23　Optifoamプロセスの装置の外観（上）と断面イメージ（下）
（Sulzer Technical Review 2/2004の12ページFig.4と13ページFig.5から引用）

れる（図15の方式では計量によってスクリューが後退するとガス供給部の溝深さが変化する）。一方で回転するスクリュー内部を通って高圧のガスを供給するため，精度高いロータリージョイントが必要になる。

2.7　Sulzer Chemtechのプロセス

図22は文献12）に記載されている発泡剤（例えば二酸化炭素）の溶解方法である。射出成形機のバレルとノズルの間に多孔質金属からなる発泡剤の浸潤部を設けて発泡剤と溶融プラスチックを接触させることで，溶融プラスチック内部に発泡剤を拡散させる方法である。必要に応じてスタティックミキサーを組み込むことも可能である。射出成形機のスクリュー・バレルは既存のものを使用することが可能である。図23にSulzer Chemtech社のOptifoamプロセス紹介資料[13]から引用した写真と装置の断面イメージを示した。

2.8　東洋機械金属のプロセス

図24は文献14）に記載されたプロセスにおける物理発泡剤溶解の仕組みである。通常の射出成形機に物理発泡剤の溶解ユニットを付加し，多孔質金属（焼結金属）を通して物理発泡剤と溶融プラスチックを接触させて溶解させる仕組みである。

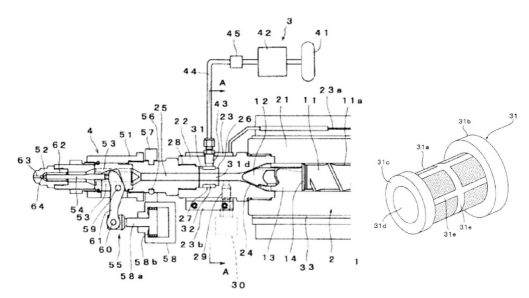

図24　特開2012-232558に記載されている物理発泡剤の溶解システム
左：バレルの先に付加するユニット，右：物理発泡剤導入部の焼結金属を使った部品

第4章　不活性ガスを発泡剤として用いる射出発泡成形

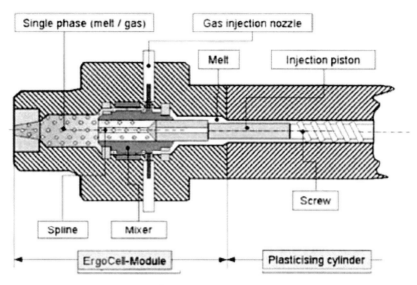

図25　ErgoCellプロセスにおけるミキシングモジュール

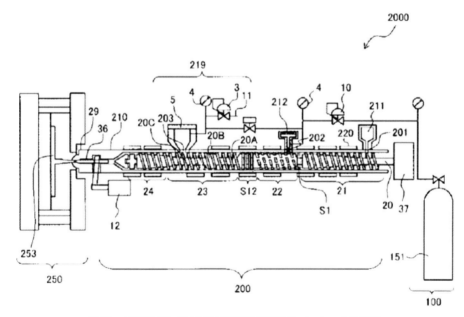

図26　特開2015-174240に記載の物理発泡プロセスの装置図

2.9　Demag Ergotechのプロセス

　Demag Ergotechによって開発されたErgoCellの設備図[15]を図25に示す。このプロセスでは，溶融プラスチックにガスを導入して，ミキサーで撹拌することにより単一相溶

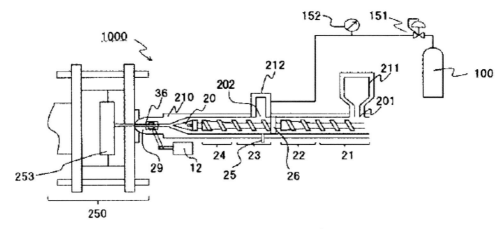

図27　特開2016-87887に記載の物理発泡プロセスの装置図

解物を得る。

2.10　日立マクセルのプロセス

図26は文献16)に記載のプロセスであり，1本のバレルに2か所のポートを持ち，ボンベから供給されて所定の圧力に調整された物理発泡剤を上流のポートから供給し，下流のポートで過剰な発泡剤を放出する仕組みである。物理発泡剤を拡散によって溶解させるプロセスは前述のように数多く存在したが，物理発泡剤の溶解量の制御が難しかった。このプロセスでは，下流側のポートから過剰な発泡剤を放出することで発泡剤の溶解量を制御することが可能になる。

同社はさらに上流側のポートを省略した構造（図27)[17]も提案しているが，供給ガス圧力が低く，発泡剤の溶解量が少ないために，化学発泡剤との併用が必要である。

文　　献

1)　米国特許公報4473665
2)　米国特許公報5866053
3)　米国特許公報62848101
4)　秋元英郎，プラスチックスエージエンサイクロペディア進歩編2013，**45**，148-158（2012）
5)　特開2013-59896

第4章　不活性ガスを発泡剤として用いる射出発泡成形

- 6) 再表01/91987 A1
- 7) 特開2002-79545
- 8) 特開2004-306296
- 9) 特開2007-54994
- 10) 特開2002-178351
- 11) 特開2002-205319
- 12) 特開2006-306098
- 13) Sulzer Technical Review 2/2004
- 14) 特開2012-232558
- 15) R. Sauthof, Blowing Agent and Foaming 2003, 91-100（2003）
- 16) 特開2015-174240
- 17) 特開2016-87887

第5章 コアバック射出発泡成形

1 コアバック射出発泡成形とは

　射出発泡成形を金型側において分類すると，ショートショット法，フルショット法，フルショット＋コアバック法に分けられる。ショートショット法では金型キャビティ容積よりも少ない量の発泡性溶融プラスチックを充填し，気泡の拡大によって充填を完了させる（図1）。気泡はゲートから離れ，プラスチックの圧力が低下するほど径が大きくなるため，ゲート近傍と流動末端では気泡径に差が生じる。フルショット法は，金型のキャビティ容積に等しい量の発泡性溶融プラスチックを充填し，固化収縮分を気泡の発生・拡大により補う成形方法である（図2）[1,2]。コアバック法はムービングキャビティ法とも呼ばれ，キャビティ容積が可変である金型を用いる。発泡性溶融プラスチックを充填する際にはキャビティ容積を小さくしておき，充填後にキャビティ容積を拡大することで積極的に気泡発生，拡大を促進させる成形方法である（図3）。

2 コアバック発泡の種類

　コアバック法はキャビティ容積が可変である金型を用いる方法であるが，容積を変化させる方法には金型に付属するスライドコアの動作によるものと可動プラテンの動作によるものがある。

　金型のスライドコアの動作を利用してキャビティ容積拡大を行う例として特許公報の

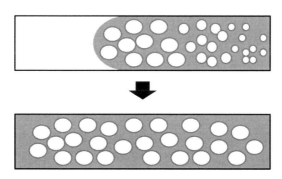

図1　ショートショット法における充填と気泡成長の様子

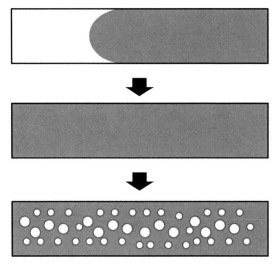

図2　フルショット法における充填と気泡成長の様子

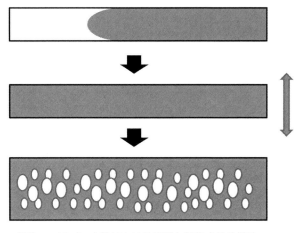

図3　コアバック法における充填と気泡成長の様子

図を示す。

　図4の動作は，スライドコアが一旦前進（キャビティ縮小）したのち後退（キャビティ拡大）し，再度前進して所定の位置で停止する。このタイプの金型構造は球体のように製品形状に平行部分を持たないものに有効である[3]。

　図5の動作は，金型キャビティ内で膨張しようとする発泡性プラスチックの膨張力を使い，クサビをスライドさせて所定のキャビティ容積で膨張を停止させる方法である[4]。

　図6には可動プラテンの動作によってキャビティ容積拡大を行う例を示す。この例の

第5章　コアバック射出発泡成形

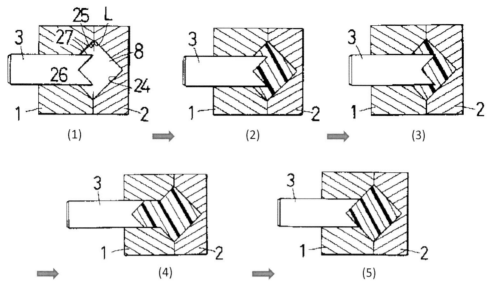

図4　特開平8-90620記載の図13（1）～図17（5）の金型動作

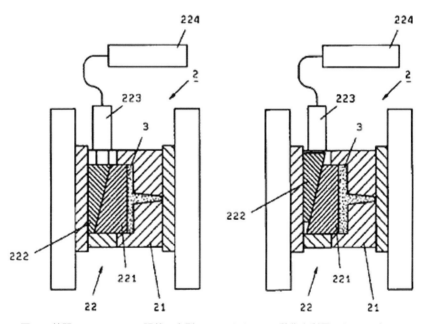

図5　特開2002-137246記載の金型のスライドコアの動作を利用したコアバック

場合は1対の金型がインロウ形状で合わせてあり，可動プラテンの上昇によってキャビティ容積が拡大する。最近は必ずしもインロウ形状にせずに，製品外周にリブ構造を持たせて溶融プラスチックが金型から漏れることを防ぐ形状も用いられている[5]。

63

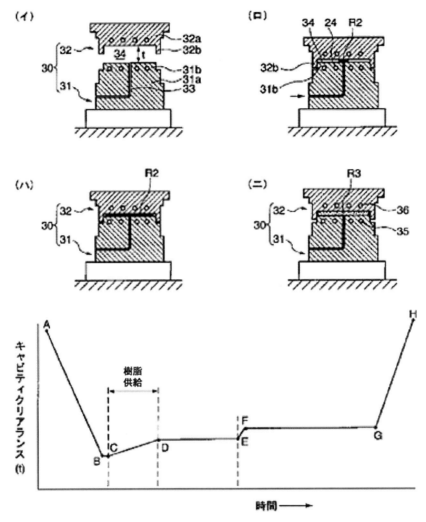

図6　特開2002-178351に記載されている可動プラテンの動作によるコアバック

　コアバック発泡の工程では，キャビティ容積を拡大する前に一度完全充填の状態を経る必要がある。この完全充填の状態を得るためには圧縮の手法が用いられる。図4の例ではスライドコアを移動させ，キャビティ内にほとんど気泡がない状態を形成する。図6の例では充填圧力によって可動型が後退しながら完全充填状態が維持されている。

第5章 コアバック射出発泡成形

3 コアバック発泡のウィンドウ

コアバック発泡では、コアバックを開始する時点における溶融プラスチックの状態が重要になる。金型キャビティに充填された溶融プラスチックは金型面に接触した部分から冷却が始まる。金型に接触した部分のプラスチックの温度は金型温度に等しいと考えてよいが、板厚中心部の温度は高いままである。金型キャビティ内に充填された溶融プラスチックは金型によって冷却され、ソリッドスキン層を形成する。ソリッドスキン層が薄いと製品を取り出した際に外観が良くないため、ソリッドスキン層をある程度発達させるための冷却時間をとることが有効である[6]。図7にはコアバック開始タイミングを変えて成形したサンプルの断面と、コアバック開始時点における板厚断面方向の温度分布（計算値）を示した。図7の例ではコアバック開始時点で温度が90℃よりも低いと発泡せず、120℃より高いと連続気泡になっている。この90～120℃がこの条件におけるコアバック発泡のウィンドウであり、この値はプラスチック材料の特性や発泡剤によるガス圧に依存する。

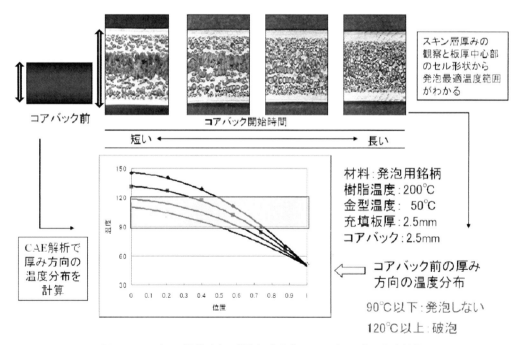

図7 コアバック開始時点の樹脂温度分布とコアバック後の発泡状態
コアバック開始時における板厚中心部（0）から表層（1）にかけた温度分布とコアバック後の発泡体断面。

より気泡を均一にして高倍率の発泡体を得るためには，成形加工技術と材料技術が必要になる。成形加工技術的には，板厚方向に見て広い範囲でコアバック発泡のウィンドウに収める必要がある。すなわち，金型温度の設定と充填完了からコアバック開始までの遅延時間の調整が重要になる。

文献7）には，ホモポリプロピレンに超臨界の窒素ガスを0.5％添加し，キャビティ温度を110℃にセットした金型に充填し，保圧を60 MPaで15秒かけたのちにコアバック（2 mm→4 mm）したところ，コアバック直前の板厚中心の温度は120℃まで下がり，コアバック後に板厚中心部でも微細な気泡が得られたが，保圧を0.5秒としてコアバックした場合は板厚中心部の温度は約200℃で，コアバック後の気泡は非常に大きいことが報告されている。図8は，文献7）に記載された2つの図を編集したものである。

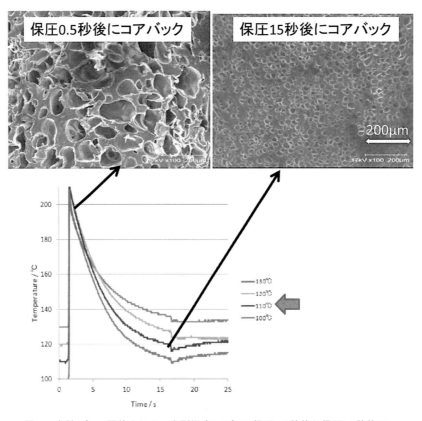

図8　文献7）に記載された，金型温度110℃で保圧0.5秒後と保圧15秒後にコアバック（2倍）したサンプルの板厚中心部における断面写真（上）と赤外線によって測定された板厚中心部の溶融プラスチックの温度変化

第5章　コアバック射出発泡成形

材料からみると，溶融張力が高いほどウィンドウは高温側に広がり，結晶化速度の調整によって固化を遅延させることでウィンドウは低温側に広がる。例えば，高分子量のエチレン・プロピレンゴムと低分子量ポリプロピレンのブレンド物[8]や汎用ポリプロピレンに添加してコアバック発泡性を付与するような改質材としての架橋ポリプロピレンも提案されている[9]。

ソリッドスキン層の厚みはコアバック前の冷却時間以外に金型温度にも影響される。表1にはコアバック発泡における金型温度とソリッドスキン層厚みの関係を示した。ここでわかるように金型温度が高くなるとソリッドスキン層は薄くなる[10]。

4　コアバック発泡における気泡生成

コアバック開始時点において，キャビティ内の溶融プラスチックの温度だけではなく，気泡の核がどのような状態にあるかという点も重要である。射出充填の工程では流動末端で減圧されて気泡が発生しながら充填が進行する。ところが充填の最終段階で型内圧が高くなりすぎると，気泡の中のガスが再溶解して気泡の核が消失すると考えてよい。従って，型締力を過剰に高くせず，充填圧力に負けて金型が開く条件に設定しておくと気泡核を残したままコアバック工程に移行でき，状態の良い発泡が得られる。型締力が高すぎると気泡核が一度消失するので気泡が成長しにくく，発泡倍率が上がらないとか，気泡が粗大化するという問題が起こりやすい。

コアバック速度も気泡形状やソリッドスキン層の状態に大きな影響を及ぼすことが知られている。コアバック速度は発泡圧によって成り行きで型開きさせる方法と速度を制御する方法がある。発泡圧が比較的小さい化学発泡ではコアバック前半の速度を速く，後半を遅くすると良いことが知られている[11]（図9）。これは，コアバック後半に発泡圧が下がってきた段階で速度を落とすことにより，充填されたプラスチックの層と金型に隙間ができることを防ぐためである。一方で，物理発泡では発泡剤の添加量が多く，発泡圧が高いため，コアバック前半は遅く，後半で速くする方法が提案されている。こ

表1　金型温度とソリッドスキン層厚みの関係[10]

金型温度（℃）	20	50	80
スキン層厚み（μm）	660	80	22

材料：GPPS，発泡剤：超臨界CO_2
金型内を8 MPaの窒素で満たしてから射出し，金型（初期厚み2 mm）を2 mmコアバックして厚み4 mmの厚みの発泡体を得た。

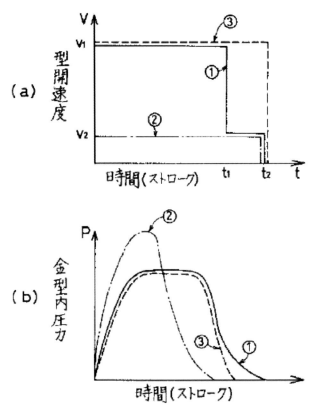

図9 化学発泡剤によるコアバック発泡におけるコアバック速度制御の例[11]
(a)中の①〜③が(b)中の①〜③に対応する。

の場合,発泡圧が高いコアバック初期で速度を遅くすることでソリッドスキン層を抑え込み,気泡がスキン層を突き破ることを抑制する効果がある[12] (図10)。

5 コアバック発泡における軽量化

コアバック発泡の利点は剛性を維持して軽量化が可能になる点にある。コアバック発泡法による成形品は表層に気泡が存在しない層(ソリッドスキン)と板厚中央部に気泡を多く含む層から成り立っている。気泡が実質的に独立気泡であると単位面積当たりの重量が同じであっても板厚が厚くなる分剛性が増す。重量が軽くても板厚の効果により剛性を維持して軽量化が可能になる。

発泡体の剛性は,曲げ弾性勾配で表現されることが多い。曲げ弾性勾配とは50 mm×150 mmの試験片をスパン100 mmで両端支持し,中央部を50 mm/minで荷重を加え荷

第5章 コアバック射出発泡成形

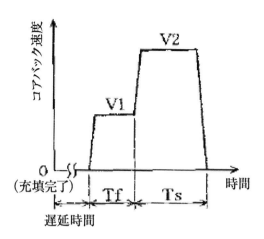

図10 超臨界流体を発泡剤に使用したコアバック発泡におけるコアバック速度制御の例[12]

重・たわみ曲線の初期直線部分より1cm変形時の荷重を求めたものである。

曲げ弾性勾配（N/cm）は，およそ2倍発泡までの範囲であれば経験的に下記の経験式（(1)式）が成り立つ。ただし発泡の状態が良く，本質的に独立気泡である場合に限られる。ここで，曲げ弾性率，厚みはそれぞれMPa, mm単位の値をそのまま用いる。厳密にはスキン層厚みや発泡層の発泡倍率を考慮して計算する必要があるが，(1)式は発泡倍率に応じて弾性率が希釈されると仮定して，スキン層と発泡層の区別もないと仮定した式であるが，設計初期における検討には十分使える式である。

$$曲げ弾性勾配 = \frac{ソリッドの弾性率 \times (厚み)^3}{400 \times 発泡倍率} \tag{1}$$

上記の(1)式を用いて具体的に計算してみる。前提として材料の曲げ弾性率を2000 MPa，ソリッド（すなわち発泡倍率1.0）の製品厚みを2.5 mmとする。一方で発泡品は同じ曲げ弾性率の材料で，コアバック前の厚みを1.8 mm，コアバック後の厚みを2.9 mm（すなわち発泡倍率1.6倍）とする。ソリッドの曲げ弾性勾配は78 N/cm，発泡品の曲げ弾性勾配は76 N/cmとなり同等である。一方重量はソリッドの厚み2.5 mmに対して発泡品は1.8 mm相当であり，28%の軽量化になっている。

6 コアバック発泡における製品外観

6.1 コアバック発泡における外観品質向上の基本的な考え方

コアバック発泡に限らず，射出発泡成形においては成形品表面にスワールマークと呼

ばれる外観不良が起こることが多い。発泡剤に由来するガス量が少ない時には残留水分によって起こるシルバーストリークに似た形状で外観不良が起こる。ガス量が多い時には成形品全体にわたって流れに沿った筋が現れる。

　このスワールマークのためストラクチュラルフォームに代表される射出発泡成形品は，外観部品を避けるか表面にフィルムやファブリックを貼り合わせて使用されてきた。外観部品に採用されるためにはスワールマークを発生させない技術の開発が求められていた。

　射出発泡成形においては発泡性溶融プラスチックを金型キャビティ内に充填するため，流動末端では圧力が解放されて気泡が大きく成長する。この気泡は流動末端で破裂し，その後大きな剪断を受けて引き伸ばされて筋状に凹凸を生じる。この凹凸は金型によって急激に冷却されて成形品表面に残る。これがスワールマークである。

　スワールマークを抑制するには，気泡を発生させない方法，気泡を破裂させない方法，破裂した気泡を金型で転写する方法がある。気泡を発生させない方法としては射出充填時に金型キャビティ内を加圧しておく方法がある。気泡を破裂させない方法としては，泡持ちの良い材料（気泡の拡大に対する抵抗力がある材料）を使う方法と気泡の寿命と比較して短時間に充填を完了させる方法すなわち高速充填法がある。破裂した気泡を金型に転写させる方法としては，金型を加熱・冷却する方法や，断熱金型を用いる方法がある。金型加熱・冷却法では[13]，射出充填時の金型温度が高いため，スワールマークが型内圧により金型転写して消失する。

　コアバック発泡の場合には，射出充填後にキャビティ容積を拡大させるため，一度生じたスワールマークを転写によって消すことは困難と考えられ，気泡の発生と破裂を防止する方策が重要になる。

6.2　カウンタープレッシャー法

　射出発泡成形にカウンタープレッシャーを併用して外観品質を向上させる取組みは古くから行われている。文献14）ではコアバック金型の充填末端部から真空引きすることで製品内の気泡拡大を助け，製品のヒケを抑制している（図11）。

　コアバック発泡とカウンタープレッシャーを併用する際に注意すべきことは金型内のガス圧力の設定と制御，ガス抜きのタイミング及びガス抜きの位置である。金型内の圧力が十分にないと溶融プラスチックの流動末端における気泡の破裂を抑えることができなくなるが，圧力が高すぎると充填の阻害になる。キャビティ内が溶融プラスチックで満たされていくに従って気体が占める体積は減るので，それに同調させてガスを抜いて

第5章　コアバック射出発泡成形

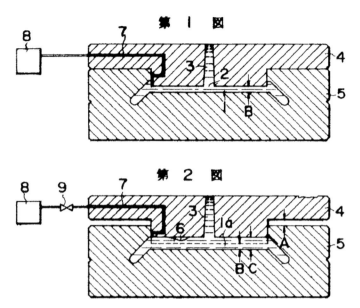

図11　文献14)に記載された，充填末端から減圧する金型構造

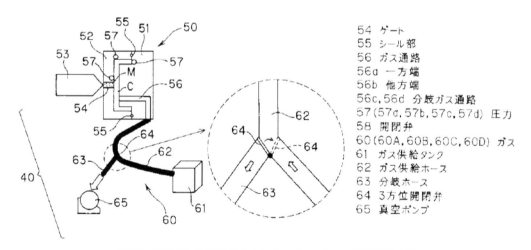

図12　文献15)に記載のカウンタープレッシャー制御装置の図

ガス圧力を一定に保つ必要がある（図12，13)[15]。ガスを抜く位置が適切でないと，金型キャビティ内にガスが残り，ショートショットの原因になる。

6.3　キャビティコントロールによる外観改良

気泡の寿命と比較して短時間に充填を完了させる手法のポイントは意匠面を速やかに

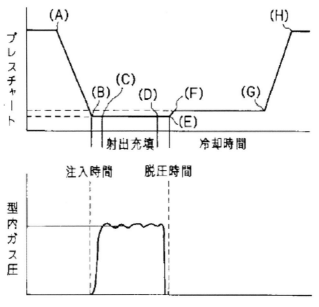

図13 文献15)に記載の金型動作図(プレスチャート)と金型内圧力プロフィール

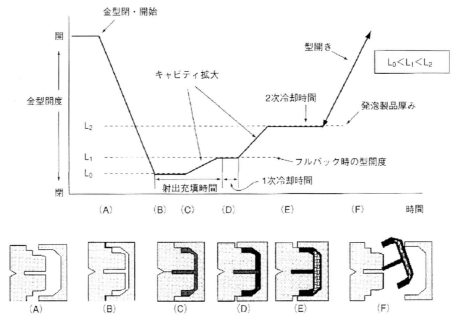

図14 文献17)に記載のスワールマークを抑制するコアバック発泡成形における金型モーション図

形成するところにある。そのために射出充填開始時の金型キャビティ容積を充填するプラスチックの体積よりも小さくし、さらに射出率をできるだけ速くすることにあ

第5章　コアバック射出発泡成形

る[15, 16]。図14には、そのような工法における金型のモーション図を示した[17]。図14において（例えば$L_0 = 1.2$, $L_1 = 1.8$, $L_2 = 2.9$)，①キャビティクリアランスL_0で型締を行い，射出充填を開始，②キャビティクリアランスをL_1まで拡大しながら充填を完了，③キャビティクリアランスをL_2まで拡大して発泡させるというステップを踏む。気泡の寿命よりも充填進行速度が速いためスワールマークの発生が抑制される。

表2は文献16）記載の表であり，キャビティクリアランスと最終成形品の品質を示している。表中の第一工程，第二工程，第四工程におけるキャビティクリアランスは図14中のL_0, L_1, L_2に相当する。

7　コアバック発泡用材料

コアバック発泡用材料に求められる基本的なポイントは，泡持ち性と流動性の2点である。泡持ち性を良くするには気泡壁の溶融張力が高ければ良い。化学発泡用ポリプロ

表2　文献16）に記載のキャビティ制御による成形品品質に関する表

	成形条件										成形品		
	第一工程			第二工程		第三工程		第四工程	第五工程				
	溶融樹脂供給開始時のキャビティクリアランス	キャビティ内溶融樹脂圧力	キャビ容量に対する溶融樹脂充填率	キャビティ内溶融樹脂圧力	キャビティクリアランス	キャビティ内溶融樹脂圧力	保持時間	終了時のキャビティクリアランス	キャビティ内樹脂圧力	保持時間	厚み	発泡倍率	外観
	mm	kg/cm²	%	kg/cm²	mm	kg/cm²	秒	mm	kg/cm²	秒	mm	—	—
実施例1	1.0	150	50	150	2.0	150	1.0	3.5	50	30	3.4	1.7	フラッシュ、スワルマーク、ボイド、ヒケ、ソリなく良好
比較例1	2.0	150	50	150	2.0	150	1.0	3.5	50	30	3.4	1.7	フラッシュ、スワルマーク発生
比較例2	1.0	50	50	150	2.0	150	1.0	3.5	50	30	3.4	1.7	フラッシュ、スワルマーク発生
比較例3	1.0	150	20	150	2.0	150	1.0	3.5	50	30	3.4	1.7	フラッシュ、スワルマーク発生
比較例4	1.0	150	50	50	2.0	150	1.0	3.5	50	30	3.4	1.7	フラッシュ、スワルマーク発生
比較例5	1.0	150	50	150	2.0	50	1.0	3.5	50	30	3.4	1.7	ボイド発生
実施例2	1.0	130	80	130	4.0	120	2.0	8.5	30	60	8.0	2.0	フラッシュ、スワルマーク、ボイド、ヒケ、ソリなく良好
比較例6	3.0	130	80	130	4.0	120	2.0	8.5	30	60	8.0	2.0	フラッシュ、スワルマーク発生
実施例3	1.2	200	30	200	2.0	250	1.0	3.5	30	30	3.4	1.7	フラッシュ、スワルマーク、ボイド、ヒケ、ソリなく良好
実施例4	1.0	200	40	200	2.0	250	1.0	4.0	30	30	4.0	2.0	フラッシュ、スワルマーク、ボイド、ヒケ、ソリなく良好

ピレンに関する特許文献では分子量分布[15, 18]，歪硬化性[19, 20]，溶融張力[21]等で規定されることが多い。具体的には超高分子量成分や分岐構造を持った高粘度ポリプロピレンをベース材料にしている[22]。高溶融張力付与成分として製造過程で少量の（超）高分子量ポリエチレンを重合したポリプロピレン樹脂の例もある[23]。

一方で，射出成形に求められる流動性を満足する必要もある。そのため，泡持ち性を発現させる高粘度成分と流動性を発現させる低粘度成分のブレンドが行われていると考えるべきであろう。

超臨界流体を発泡剤として用いる微細射出発泡成形では発泡剤の添加量が多く，気泡の内圧が高いため，より高い気泡壁の強度が求められる。微細射出発泡を利用したコアバック発泡では長鎖分岐を持つポリプロピレンを成形に用いることや，コアバック時におけるスキン部とコア部の粘弾性の差を小さくするために結晶化速度が非常に遅い材料を用いることで高倍率の発泡体が得られている[24]。

8　コアバック発泡用成形機

コアバック発泡において重要な因子は，キャビティ容積（金型の開度），コアバック速度，キャビティ内圧力であるが，3者を同時に制御することは不可能であり，1乃至2要素を制御する。ここではキャビティ容積を射出成形機の可動プラテンの動作によって制御するケースに絞り，コアバック用成形機の構造と制御方法について述べる。コアバック速度には，一定位置に一定時間停止させる制御も含まれる。

8.1　直圧式油圧成形機

現在日本国内では射出成形機の電動化が進み，新規に油圧成形機を導入するケースは少なくなってきているが，過去には油圧の成形機の改造によるコアバックへの対応が精力的に研究された。

図15には直圧式油圧成形機でコアバックに対応させた例を示した。型締シリンダーの開方向と閉方向を切替える切替弁と油の流量を微調整する弁を備え，コアバック速度を制御している[25]。この方式は口径が大きく，油量が多い型締シリンダーで微妙な金型位置の制御をする必要があり，所定の型開位置で停止させる精度が上げにくいという問題もある。

図16には型締シリンダーとは別に，コアバック用のシリンダーを持ってコアバック制御する例を示す[26]。この例では，射出充填完了後に型締シリンダーの押圧力を下げ，コ

第5章 コアバック射出発泡成形

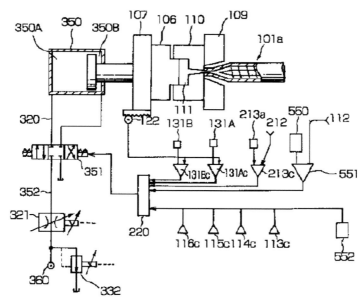

図15 文献25)に記載のコアバック制御装置の図
電磁方向切替弁(351)と電磁流量制御弁(321)によって型締シリンダーの方向と速度を制御する。

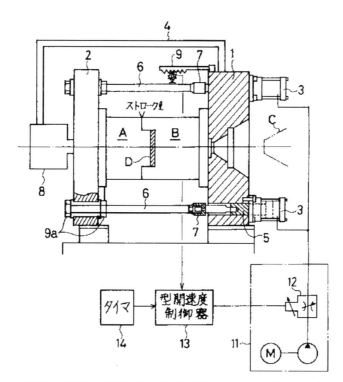

図16 文献26)に記載の,型締シリンダーとは別にコアバック用シリンダーを持つ例
射出終了後に型締シリンダー(8)の押付力を下げ,コアバック用シリンダー(3)で型開する。
流量調整弁(12)と型開速度制御器(13)で型開速度を制御する。

アバック用シリンダーに油圧を掛けて型を開く。その際に油の流量調整弁で型開速度を制御する。

8.2 油圧タイバーロック式成形機

図17の例は，発泡圧を利用してコアバックする方法である[27]。すなわち，型締シリンダーには型開方向・型閉方向に圧力を掛けられる機構になっているが，射出完了後には両方向の圧力をフリーにし，キャビティ内の発泡圧によって型開させ，所定の開き量に到達した時点で両方向に昇圧して型盤の動きを停止して動かないようにロックする方法である。

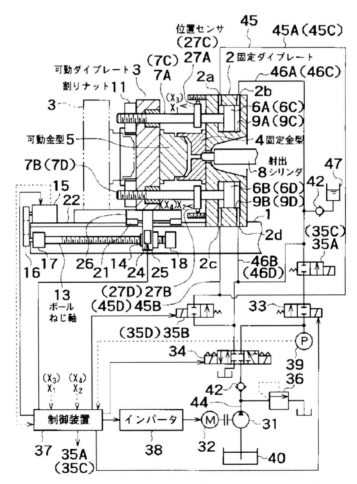

図17　文献27）記載の発泡圧を利用してコアバックする例
射出終了後に型締シリンダー（9A～9D）を開閉ともにフリーにして，発泡圧でコアバックさせる。
所定の型開度になったら開・閉の両方とも昇圧してロックする。

第5章　コアバック射出発泡成形

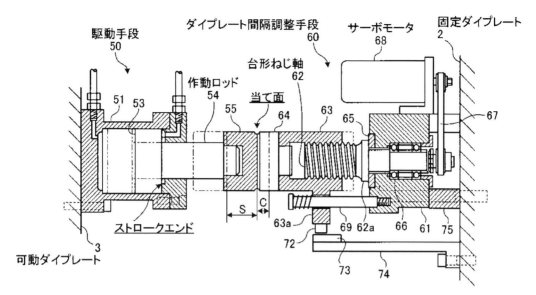

図18　文献28）記載の型盤に取り付けた型開用装置を用いてコアバックする例
コアバック用油圧シリンダー（51）は油圧によって最前進位置まで移動する。
コアバック量はサーボモーター（68）で駆動される台座ねじ（62）で調整される。

8．3　型開用機構を別に備えた成形機

　図18の例は型盤に取り付けた型開用油圧シリンダーでコアバックする方式であり，メインの型締機構は働かせたままで，コアバック用シリンダーの力で微小量の型開きを制御する。コアバック量の調整は電動のサーボモーターで駆動する台座ねじ軸で調整するため，油圧シリンダーの速度や停止位置の制御が不要である[28]。図19の例は，図18における油圧シリンダー部分をサーボモーターとボールねじで駆動させる方式である[29]。

8．4　型締とコアバックを別機構にしたハイブリッド成形機

　図20の例は，型開・型閉は電動サーボモーターによって行い，型締（昇圧）は油圧で行うハイブリッドであるが，コアバックの機構は別に設けられたコアバック用のサーボモーターで駆動させる方式である[30]。大きな力を出す必要がある型締機構は油圧で，微妙な位置の制御はサーボモーターで制御している。

8．5　トグル式成形機

　トグル式成形機はクロスヘッドを動かして「トグルの腕」を伸ばす動作によりタイバーを引き伸ばして型締力を発生させている。トグルのクロスヘッドの動きと可動盤の

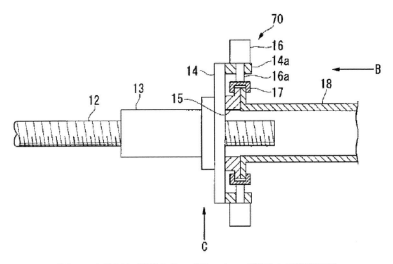

図19 文献29）記載のサーボモーターで駆動する型開装置

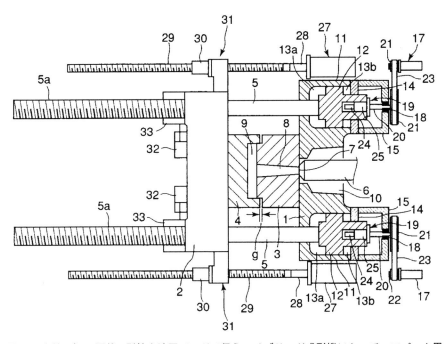

図20 文献30）に記載の型締を油圧パッドで行うハイブリッド成形機においてコアバック用サーボモーターを備えた例

型開閉はサーボモーター（27）で行い，型締（昇圧）は油圧型締シリンダー（11）で行う。
コアバックはサーボモーター（17）とボールねじ（19）で行う。

第5章　コアバック射出発泡成形

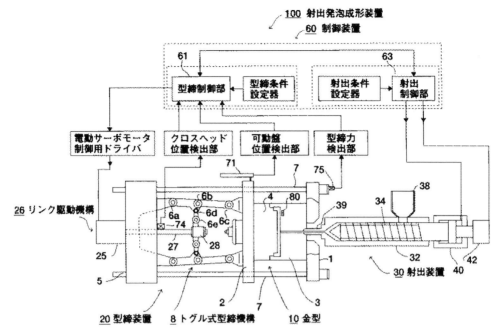

図21　文献31)に記載のトグル式射出成形機のコアバック制御システム

動きを比較すると，クロスヘッドは10倍以上大きく動く。逆に言うと，型盤の位置精度はクロスヘッドの位置精度の10倍以上高く制御できる。しかも型開量が小さい位置でその倍率は大きくなる。そのため，コアバックの微妙な位置制御に好都合である。図21は文献31)に記載のトグル式射出成形機における制御システムの概念図である。

しかしながら，型締している状態ではタイバーの伸びの他に金型が縮む影響もあって，クロスヘッドの位置から計算される型開量と実際の金型の開きとの間に差が生じる。その解消のために金型に型開量センサーを取り付けて実際の型開量を測定しておく必要がある。

また，トグル式成形機ではトグル機構のリンク節の隙間の影響で型開方向と型閉方向でその位置の関係に狂いが生じる。その狂いはティーチングによって補正することで解決している[31]。

文　　　献

1) 特開平6-100722
2) 特開2004-300260
3) 特開平8-90620
4) 特開2002-137246
5) 特開2002-178351
6) 特開平8-300391
7) 秋元英郎, 大嶋正裕, 成形加工（年次大会）, **23**, 83-84（2012）
8) 特開2010-150509
9) 特開2010-106093
10) 特開2006-69215
11) 特開平7-88878
12) 特開2008-18677
13) 特開2002-307473
14) 特開昭49-25061
15) 特開2002-120252
16) 特開2002-11755
17) 秋元英郎, 型技術, **18**(7), 25-29（2003）
18) 特開2004-149688
19) 特開2007-284484
20) 特開2008-101060
21) 特開2002-18887
22) 特開2003-253084
23) 再表97/20869
24) 特開2005-97389
25) 特開平8-267526
26) 特開平7-80885
27) 特開2005-335072
28) 特開2008-1092
29) 特開2012-86382
30) 特開2004-314492
31) 特開2005-254607

第6章　プラスチック発泡体の評価方法

1　密度と発泡倍率

発泡プラスチックはプラスチックのマトリックス中に気泡が分散した構造である。発泡体の密度はマトリックスのプラスチックと気泡内のガスそれぞれの質量と体積から，次のような式で表現される。

$$\rho_f = (W_g + W_p) / (V_g + V_p) \tag{1}$$

ここで，ρ_fは発泡体の密度，W_g, V_gは気泡内ガスの質量と体積，W_p, V_pはプラスチックの質量と体積を示す。ガスの質量が無視できるとき，この式は

$$\rho_f = (W_p) / (V_g + V_p) \tag{2}$$

と表すことができる。

発泡体における発泡倍率とは，同じ質量のプラスチックが発泡した後に体積が何倍になるかを表すものであり，密度の比の逆数である。プラスチックのソリッド密度は

$$\rho_p = W_p / V_p \tag{3}$$

であるから，ガス量が少ないときには発泡倍率（ER）は次の式で表現される。

$$ER = \rho_p / \rho_f = (V_p + V_g) / V_p \tag{4}$$

体積が不明の発泡プラスチックの密度測定は一般に比重計が用いられる。比重とは4℃の水との密度の比（無名数）であるから，比重計で測定された比重を発泡体の密度（単位あり）として使ってかまわない。比重計の測定原理はアルキメデスの原理（浮力）を用い，次の式で表現される。

$$\text{比重} = \text{空気中の重量} / (\text{空気中の重量} - \text{液体中の重量})$$
$$= \text{空気中の重量} / \text{浮力} \tag{5}$$

図1に比重測定装置の概要を示した[1]。図中のMは被測定物である。水槽（1）は秤からは切り離され，水槽に浸漬しているカゴ（2c）は秤に載っている。試料（M）を皿

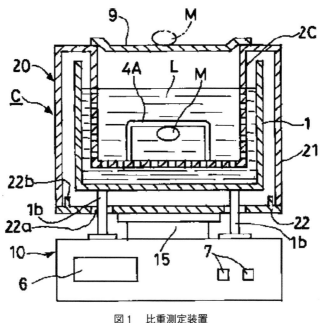

図1　比重測定装置
(特開2002-243615の第4図より引用)

(9) に載せると空気中の重量が測定され，水中の浮上防止部材 (4A) の下に沈めると水中の重量が測定できる。このようにして得られた2つの重量から比重を測定することが可能になる。なお，水よりも密度が大きい場合には浮上防止部材 (4A) の上に置けばよい。

一方，第5章で述べたコアバック発泡成形品の場合で，形状が平面に近い場合はコアバック前の厚みとコアバック後の厚みの比を発泡倍率として表現することがある。この場合，必ずしも密度の比の逆数にはならない。

なお，射出発泡成形等の方法で成形された発泡プラスチックの多くは，表面にソリッドスキン層（気泡が存在しない層）があり，内部に発泡層がある。従って，発泡成形品の密度や発泡倍率を議論する際に，発泡層部分のみを指しているのか，ソリッドスキン層も含めた平均値として議論しているのかを明確にする必要がある。

2　気泡径と気泡径分布

発泡プラスチックの平均気泡径，気泡径分布は断面観察によって得られた断面画像を画像処理等の方法から求めることができる。

第6章　プラスチック発泡体の評価方法

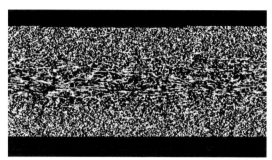

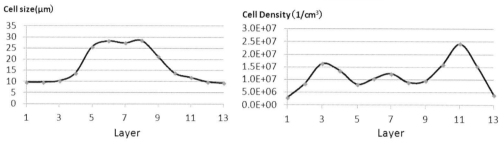

図2　ポリアミド樹脂（ガラス30％）発泡成形品のX線CTスキャンと
画像処理によって得られた各層における気泡径と気泡密度

　断面観察にはサンプルを切るあるいは割ることで断面を露出させて光学顕微鏡や走査電子顕微鏡で観察する方法とX線CTスキャンによる非破壊で断層写真を得る方法がある。刃物を使って断面を切り出す際には気泡を潰す可能性があることを理解しておく必要がある。サンプルを割って断面を露出させる方法では，液体窒素に浸漬させた後にハンマー等で叩くとよい。ガラス繊維等のフィラーを含むプラスチックの場合，破壊の際に繊維が抜けた穴と気泡を区別することが必要になる。

　X線CTスキャン法は試料に対して方向を変えて得られた透過画像をコンピュータで処理して三次元の画像にしたものである。医療用のCTスキャン装置は被撮影体（人）が固定されて，X線源が回転するのに対し，産業用では試料が回転する。また，医療用では精度がミリ単位のミリフォーカスであるのに対し，産業用はミクロン単位の測定が可能なマイクロフォーカスが用いられる。マイクロフォーカスの方がミリフォーカスに比べてデータ数が多い分測定時間は長くかかる（通常数時間）。

　顕微鏡観察でもX線CTスキャンでも，得られた断面写真を画像処理して平均気泡径，気泡径分布を計算する。画像処理ソフトは市販のものが使える。例えば旭化成エンジニアリングの画像処理ソフトA像くん®のような安価なものでも十分である。断面写真から手作業で気泡径を測り，計算しても構わない。断面が楕円の場合には長径と短径の積

の平方根を気泡径として取り扱うとよい。

　図2にはガラス30％含有ポリアミド6樹脂の射出発泡成形品のX線CT写真と画像処理によって計算された平均気泡径，気泡密度（単位体積当たりの気泡数）のデータである。ここでは厚み方向に13層に分割して観察した。ただし，X線CTで測定する場合，装置にもよるが数μmレベルの微細な気泡は検出できない場合がある[2]。

3　独立気泡率・連続気泡率

　独立気泡（closed cell）とは発泡プラスチックの内部に存在し，外界から隔離された気泡のことであり，連続気泡（open cell）とは発泡プラスチックの内部に存在するが，外界と通じている気泡のことである。発泡体全体の体積V_fは，プラスチックの体積V_p，独立気泡の体積V_{gc}，連続気泡の体積V_{go}の和で表される。すなわち下記の式となる。

$$V_f = V_p + V_{gc} + V_{go} \tag{6}$$

ここで，独立気泡率（C_c），連続気泡率（C_o）は以下の式で表される。

$$C_c = V_{gc}/(V_{gc} + V_{go}) \times 100 \tag{7}$$
$$C_o = V_{go}/(V_{gc} + V_{go}) \times 100 \tag{8}$$

　実際に測定する場合には，発泡体の外形寸法から計算された体積である見かけの体積（$V_A = V_f$）と空気比較式比重計によって求められる真の体積（$V = V_p + V_{go}$）が必要になる。ただし，実際に発泡プラスチックを切り出した場合，断面に存在した独立気泡を切り開くことになるため，切断によって生じた連続気泡の補正が必要になる。

　独立気泡率S（％）は以下の式で表される。

$$S = (V_A - W_p/\rho_p) \times 100/(V - W_p/\rho_p) \tag{9}$$

連続気泡率は100から独立気泡率を引けばよい。

　ここで，W_p，ρ_pはマトリックスのプラスチックの質量と密度である。

　一方で現場で簡単に評価できる簡易的な評価方法がある。あくまで相対的な評価であるが，発泡シートの一端を油性のインクに浸すと，連続気泡率が高い場合には毛管現象によってインクが吸い上がる。

第6章　プラスチック発泡体の評価方法

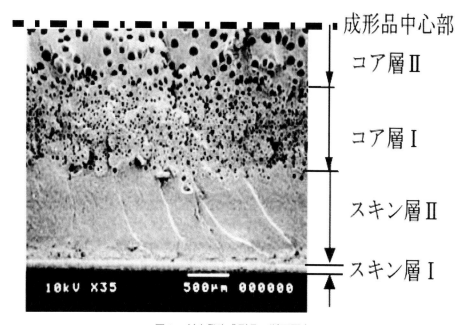

図3　射出発泡成形品の断面写真
ここでスキン層Ⅰはスワールマーク（シルバーストリーク）を含む層。
（山田，村田，横井，埼玉県産業技術総合センター研究報告，第5巻（2007）の図3より引用）

4　ソリッドスキン層厚み

ソリッドスキン層の厚みは発泡成形品の断面を顕微鏡で観察し，表層から気泡が存在し始める位置までの距離を求める。成形品の両面にソリッドスキン層が存在し，金型温度等の条件によって両面のソリッドスキン層厚みに差が生じることもある。図3に射出発泡成形品の断面SEM写真とソリッドスキン層の位置を示した[3]。

サンプル切り出しの際に，カッターナイフを用いると気泡を潰し，ソリッドスキン層のように見えることがあるので注意が必要である。

5　機械特性

発泡プラスチックの機械特性としては通常のプラスチックの試験方法が適用可能である。ただし，試験片の成形条件，切り出し条件によって実際の成形品とは全く別物を評価している可能性があるので十分に注意が必要である。

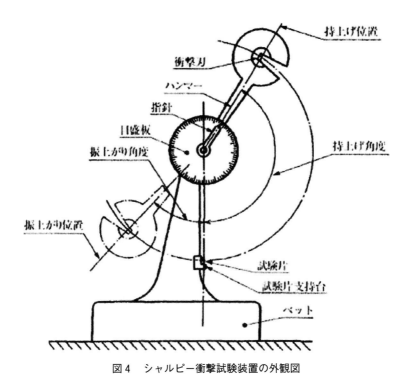

図4 シャルピー衝撃試験装置の外観図

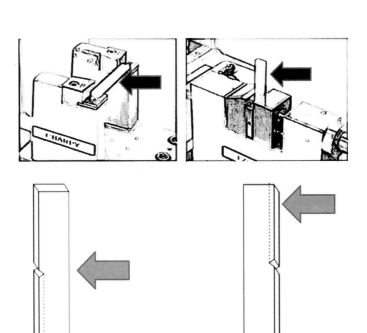

図5 シャルピー衝撃試験（左）とアイゾット衝撃試験（右）の試験片固定方法と衝撃の位置

第6章 プラスチック発泡体の評価方法

5.1 衝撃特性

耐衝撃性試験で用いられるのは,アイゾット衝撃試験,シャルピー衝撃試験,デュポン衝撃試験が挙げられる。

アイゾット衝撃試験は試験片を1点で支えて,ハンマーで叩く方法で,シャルピー衝撃試験は試験片を2点で支えてハンマーで中央を叩く方法である。図4にシャルピー衝撃試験装置の外観図を示した。アイゾットとシャルピーは試験片固定の治具が異なるだけで,装置の構造は基本的に同じである。図5に試験片の固定方法とハンマーによる衝撃の位置を示した。

アイゾット,シャルピー共に計算式は同じである。破壊に要したエネルギー(E)は,試験片破壊前後におけるハンマーの位置エネルギーの差から求められる。計算式を,(10)式に示す。

$$E = WR[(\cos\beta - \cos\alpha) - (\cos\alpha' - \cos\alpha)((\alpha + \beta)/(\alpha + \alpha'))] \tag{10}$$

E:試験片が衝撃で破壊したときの吸収エネルギー(J)
W:ハンマーの質量(kg)
R:回転軸中心からハンマーの重心までの距離(cm)
α:ハンマーの持ち上げ角度(°)
β:試験片破壊後のハンマーの振り上げ角度(°)
α':ハンマーを持ち上げ角αから空振りさせたときの振り上がり角度(°)

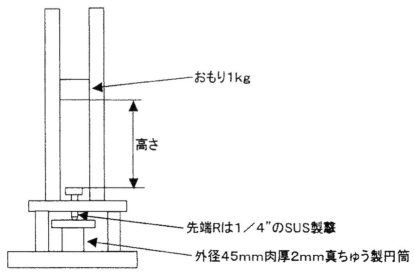

図6 デュポン衝撃試験の装置

ここで衝撃値aは(11)式で表される。衝撃値aの単位はJ/m²である。

（注：計算に用いる長さ・幅はcmとmmが混在しているが，数字をそのまま入れてよい。そのために10³で調整している。）

$$a = E/bh \cdot 10^3 \tag{11}$$

　　b：試験片の幅（mm）
　　h：試験片の切欠き部分の厚み（mm）

発泡成形品の場合に注意すべきことは，ノッチ付きで試験する場合に切欠き部分にはソリッドスキン層が存在しないため非常に低い衝撃値になることが多い。これは発泡成形品の衝撃強さを過小評価することになる。理想的にはノッチ付きの形状で成形して評価すべきである。

デュポン衝撃は元々塗装した板の塗膜の強度を試験する方法であるが，プラスチックの落錘衝撃試験として一般に用いられる。図6に示す装置に発泡成形品をセットし，錘を落下させ，1/2が破壊する高さを求め，そのときの位置エネルギーを破壊強度とする。

デュポン衝撃（落錘衝撃）の場合，ソリッド材は衝撃面の反対の面からクラックが入ることが通常であるが，発泡成形品の場合，衝撃面が座屈した後に破壊に至ることが多い。

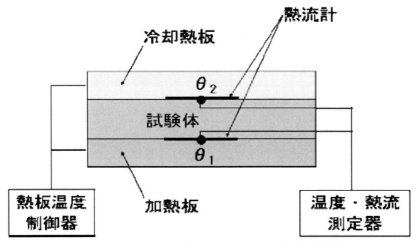

図7　JIS A 1412-2に規定されている熱伝導率測定装置

5.2 曲げ特性

曲げ弾性勾配は発泡体の曲げ特性を表現するのに便利な試験項目である。曲げ弾性勾配には製品厚みは考慮されない。測定方法は以下の通りである。

幅50 mm，長さ150 mmの成形品をスパン100 mmの治具にセットして3点曲げ試験を行う。その際の曲げ速度は一般に10 mm／分である。このときの初期の傾きに対して変位10 mmにおける荷重を求める。この値を曲げ弾性勾配と定義し，単位はN/cmで表す。

6 断熱性

断熱性を評価する際には熱伝導率が測定される。熱伝導率（λ）は，物質内の熱の流れやすさを示す物性値で移動する熱量（W），移動する距離（m），温度差（K）で表される。2点間に温度差があるときに熱が流れるが，その熱の流れやすさが熱伝導率であり，単位は$Wm^{-1}K^{-1}$である。熱伝導率の測定法には定常法と非定常法があり，目的に応じて使い分けられる。

定常法は試料中に定常的な一方向の熱流を作り，熱伝導率を測定する方法であり，非定常法は非定常的に材料を加熱して温度応答を測定する方法である。

図7にJIS A 1412-2に準拠した熱伝導率測定装置の概要を示した。熱伝導率（λ）は試料の厚み（d），加熱板と冷却板の温度差（ΔT），熱流密度（q）との間に(12)式の関係がある。

$$\lambda = q \cdot d / \Delta T \tag{12}$$

熱流密度（W/m^2）は試料の面積当たりの熱流量であり，熱板温度制御装置と温度・熱流測定器で測定される値である。

文　　献

1) 特開2002-243615
2) 杉尾，後藤，田中，今嶋，秋元，プラスチック成形加工学会年次大会予稿集（2016）
3) 山田，村田，横井，埼玉県産業技術総合センター研究報告，第5巻（2007）

第7章　気泡の生成と成長

1　発泡成形における気泡の挙動

発泡成形は，プラスチックのマトリックスと発泡剤の系から気泡が発生し，その気泡が成長するプロセス，気泡の壁が破れて合一するプロセス，気泡壁が固化して気泡の成長が停止するプロセスからなる。また，一度生成した気泡が圧力によって消失するプロセスも存在する。図1に気泡核生成，気泡の成長，気泡の合一及び気泡の消失の流れを示した。

2　気泡の発生

溶融したプラスチックには圧力をかけて物理発泡剤（窒素や二酸化炭素）を溶解させることができる。第2章で述べたように物理発泡剤の溶解度は温度や圧力に依存し，一般に低温，高圧ほど溶解度が高くなる。ここでは圧力を変化させて気泡を発生させるケースについて論じる[1~3]。

2.1　過飽和状態

溶融プラスチックに物理発泡剤が溶解している状態で，飽和圧力以上の圧力が維持されていれば相分離せずに単一相が維持される。ここで圧力を飽和圧力以下に下げると過飽和状態になり，溶けきれない発泡剤が気泡として分離する。

物理発泡剤である窒素や二酸化炭素の溶解量はヘンリーの法則に従い，溶解度は圧力

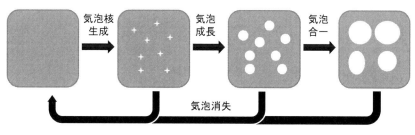

図1　気泡の生成と成長の様子

に比例する。そこで，(1)式，(2)式のように表現される。

$$c = P_{eq} \cdot k_H \tag{1}$$
$$P_{eq} = c/k_H \tag{2}$$

ここでP_{eq}は平衡状態にある飽和圧力，k_Hはヘンリー定数，cは溶解度（重量分率）を表す。飽和状態から圧力Pまで下げると，過飽和状態になる。ここで過飽和分の圧力をP_{ss}とすると，(3)式となる。

$$P_{ss} = P_{eq} - P \tag{3}$$

　飽和状態から過飽和状態を生み出して気泡を発生させる方法には２通りあり，温度を上げて溶解度を下げる方法，圧力を下げて溶解度を下げる方法がある。また，その両方を同時に行うことも可能である。

　図２は飽和と過飽和及び気泡の様子を表したものである。状態Ⅰでは圧力P_Aであり，図中では発泡剤の分子が８個溶けている。状態Ⅱは圧力をP_Bにした状態で，図中の発泡剤の分子は16個溶けている。状態Ⅲは状態Ⅱから圧力をP_Aに下げた状態であり，図中の発泡剤分子は16個溶けているが，その内の８個は過飽和に相当する。従って，過飽

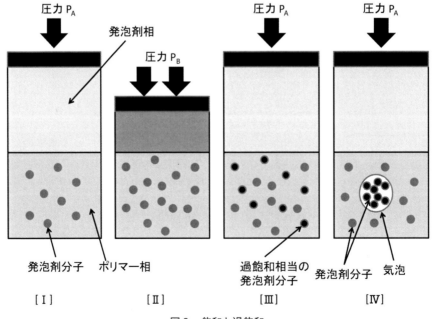

図２　飽和と過飽和

第7章　気泡の生成と成長

和圧力（P_B-P_A）は色を分けて示した分子8個を溶かすための圧力である。状態Ⅳは過飽和分の分子がポリマー相から分離して気泡を形成している様子を示し，ポリマー相には圧力P_Aに対応する分子数（8個）だけが溶解して飽和状態になっている。

2.2　気泡核生成のドライビングフォース

　気泡核生成のドライビングフォースのひとつは前述の過飽和圧力である。過剰に溶解している発泡剤の分子は過飽和圧力によってポリマー相から絞り出されようとする。その一方で，ポリマー相に気泡が生じる場合，新しく界面が生じる。界面科学的には新たな界面形成は不安定な方向に向かうため，過飽和によるドライビングフォースをキャンセルする方向に働く。そのため，過飽和になってすぐに気泡核が生成するのではなく，過飽和圧力がある程度になって初めて気泡核が生成し始める。

　式の誘導は省略するが，核生成速度Jは(4)式で表される。

$$J = N(2\sigma/(\pi m))^{1/2} \exp[-16\pi\sigma^3/3kT(P_{eq}-P)] \tag{4}$$

ここでσは界面張力，Nは単位体積当たりの発泡剤の分子数，mは発泡剤の分子量，kはボルツマン係数，P_{eq}は飽和していたときの圧力（すなわち，溶解している発泡剤量に相当する圧力），Pはポリマー相にかかる圧力である。

　(4)式には発泡剤の分子量と界面張力の値が入っているだけで，発泡剤およびポリマー相の化学的な特性を表現するパラメーターは入っておらず，現実の系に合わせるためには補正が必要になる。

　生成したての気泡核は非常に小さく，成長できずに死滅するものもある。その割合を補正するパラメーターがf_0である。また，核生成のための自由エネルギー障壁を補正するパラメーターがF_0である。それらを織り込むと，(5)式になる。

$$J = f_0 N(2\sigma/(\pi m))^{1/2} \exp[-16\pi\sigma^3 F/3kT(P_{eq}-P)] \tag{5}$$

(5)式において，P_{eq}は溶解させた発泡剤の量に比例する。従って，気泡核生成速度Jの対数が発泡剤添加量に比例し，発泡剤を多く添加するほど加速度的に気泡数が増えることを示している。また，温度が高いほど発泡剤添加量の依存性は大きくなる（図3）。

3　気泡の成長

　気泡の成長にも2つのドライビングフォースがある。ひとつは気泡内の発泡剤量の増

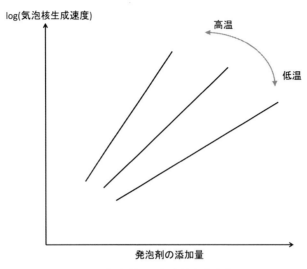

図3　発泡剤量と気泡核生成速度

加であり，ひとつは圧力変化による体積膨張である。

　まず，気泡内の発泡剤量の増加について述べる。図2において，ⅢからⅣへは瞬時に移行するわけではなく，小さい気泡が生じた後に気泡内に発泡剤の分子が移動して気泡内の発泡剤量が増加する。気泡内の圧力は外部から与えられている圧力（図2の場合はP_A）に等しく，最終的に過飽和圧力がゼロになるまで気泡内での物質移動は続く。

　ポリマー相から見ると気泡に発泡剤を吸い取られていき，そこには濃度勾配が生じる。図4には気泡の外部ポリマー相における発泡剤の濃度勾配を示した。R_Bは気泡の半径，R_Fは気泡の影響を受けて発泡剤の濃度に勾配がある領域の半径である。

　ポリマー相から気泡内に移動する発泡剤の分子数は気泡の表面積，ポリマー相における発泡剤の濃度勾配，ポリマー相中における発泡剤分子の移動速度（すなわち拡散係数）の積である。気泡内の圧力はポリマー相の外部の圧力に等しいと考えられるため，気泡内に移動した分子数に応じて気泡径は大きくなる。

　ポリマー相に残存する発泡剤分子はすでに生成した気泡同士で奪い合うと同時に，新規に生成する気泡核にも提供される。拡散速度が大きい場合には初期に生成した気泡がそのまま成長して気泡径は比較的そろうが，拡散速度が遅い場合には初期に生成した気泡が成長する間に次の気泡核が生成するため，気泡径分布が広くなる。

　図5に気泡核生成速度と拡散速度の違いによる気泡成長の様子を模式図で示した。射出発泡成形で発泡剤として窒素を用いる場合にはケース(a)のように微細な気泡が多く生成し，二酸化炭素を用いる場合には気泡数が少なく気泡径は大きいが気泡径分布が狭く

第7章　気泡の生成と成長

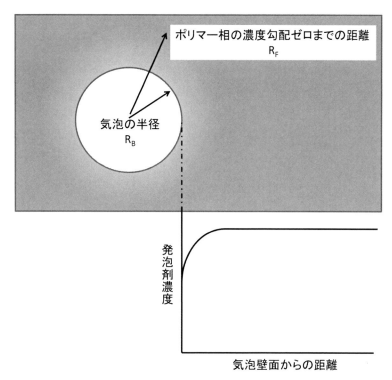

図4　気泡の外における発泡剤の濃度勾配

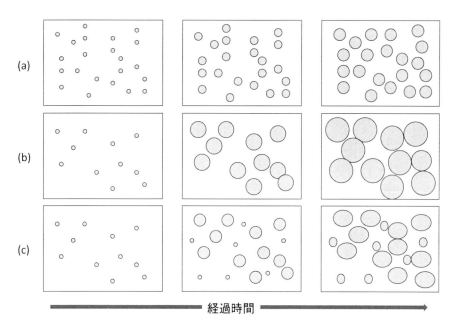

図5　気泡拡大の様子
(a)気泡核生成が速く，拡散速度が大きい，(b)気泡核生成が遅く，拡散速度が大きい，
(c)気泡核生成が遅く，拡散速度が小さい

なる。

　気泡の成長の2つ目の要素は圧力変化である。図2では外部の圧力をⅡのP_BからⅢのP_Aに変化させた後はP_Aを維持することを想定して説明したが，P_Aからさらに下がっていく場合は複雑である。外部の圧力が下がると気泡内の分子数が変わらなくても体積は増大する。気泡が拡大して気泡内の圧力が下がると，さらにポリマーマトリックスから発泡剤分子が気泡内に移動する。

4　気泡の合一・破裂

　一定の体積を占めるポリマー相から多数の気泡が発生してそれぞれの気泡が成長していくと，気泡間の距離が縮まる。気泡数が変わらないとき，気泡1個当たりのポリマーの量は一定であるが，気泡の表面積は増大していくので気泡壁の厚みは減少していく。図6に気泡の成長に伴う気泡の衝突の様子を示した。最初は球であった気泡が最終的には多面体構造に向かっていく。

　気泡が占める体積が同じであれば気泡数が多く気泡径が小さいほど気泡壁の厚みは薄くなる。ここで，気泡数が同じで気泡径が大きくなるとき気泡壁の厚みがどの程度変化するかを簡単に評価してみる。トレクセル社が提唱しているマイクロセルラー（微細発泡体）の定義は平均気泡径が100μm以下，気泡密度は10^8個/cm^3であるから，この数値をベースに計算する。

　1cm^3すなわち$10^3 mm^3$のポリマー相から10^8個の気泡ができたとする。簡略化のため，気泡を立方体として計算する。気泡が1辺10μm（10^{-2}mm）の立方体であるとすると，10^8個の気泡の体積の合計は$10^2 mm^3$であるから体積ではわずかに約9％しか占めない。このとき気泡の表面積の合計は$6 \times 10^4 mm^2$となり，ポリマーの体積を気泡の表面積で割ると厚みは1.6×10^{-2}mmとなる。実際には隣接する気泡に同じ厚みずつあるので，気泡壁の厚みは3.2×10^{-2}mmとなる。同じ計算を気泡が1辺2×10^{-2}mmとして計算すると表面積が4倍になり気泡壁は1/4の8×10^{-2}mmとなる（図7）。なお，気泡が占める体積は8倍の$8 \times 10^2 mm^3$であるから，気泡は約44を占める。

　このように気泡の径が膨らむときに気泡壁は二次元方向に引き伸ばされて薄くなっていく。このとき，気泡が破れるかどうかはポリマー相の特性に大きく依存する。ポリマー相が引き伸ばされたときにポリマーの分子鎖が絡み合って擬似的に網目構造を形成すると容易には破れない。

　とくに変形する速度が分子鎖の絡み合いより速い場合にはその特徴が強く現れる。こ

第 7 章　気泡の生成と成長

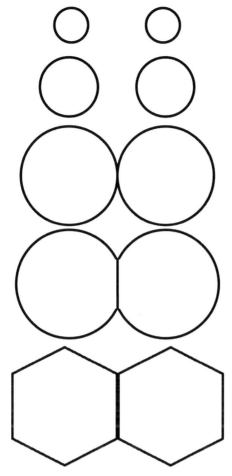

図 6　気泡の成長に伴う気泡の衝突

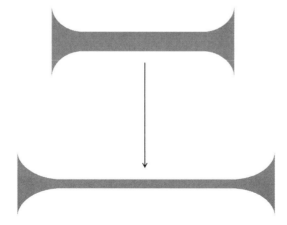

図 7　気泡の拡大によって気泡壁が引き伸ばされて薄くなる

の特性は伸長粘度を測定すると歪み硬化性として現れる。従って，微細な気泡からなる発泡体を得たい場合，歪み硬化性を持つ材料を用いて破泡を抑制することが重要である。図8は文献4）の図1から引用したもので，伸長粘度を測定した際に(2)に示すように歪みを大きくしていくと，ある歪み位置から伸長粘度が急上昇する挙動が歪み硬化性である。

5　気泡成長の停止

　気泡の合一や破裂が起こらない場合でも，気泡の成長は無限に続く訳ではなくあるところで停止する。要因としては大きく分けて2つある。ひとつは，射出成形のように閉鎖した空間で発泡が起こる場合において気泡を含有したポリマーが金型キャビティを満たした場合，もう一つは気泡を取り囲むポリマー壁が固化して弾性率が上昇した場合である。

　プラスチックの発泡成形においては冷却固化と気泡の拡大が競争になり，気泡径，発泡倍率および気泡を含まないソリッドスキン層の厚み等に影響する。材料側から見ると，結晶化速度の調整によって同じ冷却速度であっても得られる気泡構造を制御することが可能になる。

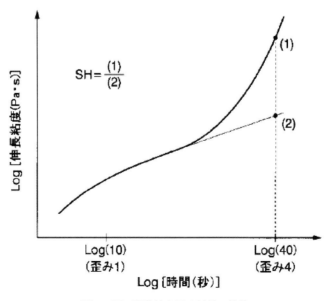

図8　歪み硬化性を示す材料の特性

第7章 気泡の生成と成長

6 気泡の消失

　前述のように，ポリマー相に発泡剤が溶解している状態から圧力を下げていき，飽和圧力よりも下がると過飽和状態になり，やがて気泡核が生成し，気泡が成長する。ポリマー相に気泡が存在する状態で系の圧力を再び上昇させると気泡は縮小する。系の圧力を飽和圧力よりも高くすると，気泡内部の発泡剤はポリマー相に徐々に吸収されて，気泡は消失する。その様子を図9に示した。

　図10は山田らが超臨界窒素を発泡剤として用い，HIPSを射出発泡成形した際に射出充填ピーク圧力を5 MPaとした場合と，30 MPaとした場合での気泡径，気泡密度を比較した結果である[5]。明らかに充填ピーク圧力が低い方において気泡径が小さく気泡密度が高い。

　射出充填ピーク圧力が5 MPaの場合，射出成形機のノズルを出て減圧されて発生した気泡がそのまま残るが，30 MPaまで上げた場合には金型キャビティ内で気泡が一度消失し，冷却固化による緩やかな減圧によって再度気泡が発生したものと考えられる。

　射出発泡成形においては，製品設計やランナー設計において気泡の消失を考慮する必要がある。

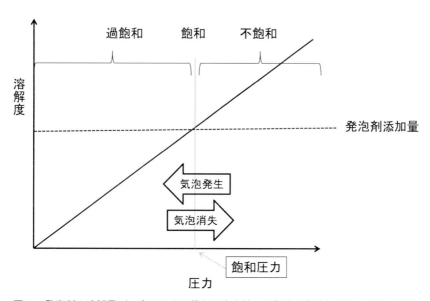

図9　発泡剤の溶解量が一定のときの飽和圧力を挟んだ気泡の発生と気泡の消失の様子

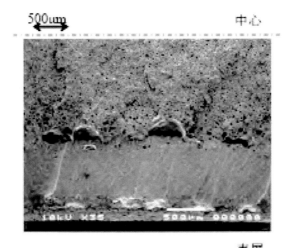

(1) 最高充填圧力 5MPa

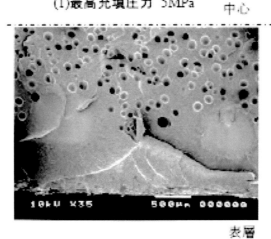

(2) 最高充填圧力 30MPa

最高充填圧力の違いによる内部層構造への影響
断面SEM写真　HIPS

図10　射出充填圧力が及ぼす気泡径，気泡密度への影響[5]

文　　献

1) 木原伸一, 孫　穎, 滝嶌繁樹, プラスチック発泡技術の最新動向, pp.22-62, シーエムシー出版 (2015)
2) K. Taki, *Chem. Eng. Sci.*, **63**, 3643-3653 (2008)
3) S. T. Lee, C. B. Park, N. S. Ramesh, "Polymeric Foams", pp.41-72, CRC Press (2007)

第 7 章　気泡の生成と成長

4)　特開2015-196711
5)　山田岳大, 小熊広之, 村田泰彦, 横井秀俊, 埼玉県産業技術総合センター研究報告, **7**（2009）

第8章　発泡成形のシミュレーションの現状

1　はじめに

発泡成形のシミュレーション（CAE）では，プラスチックの流動現象と気泡の発生・成長の両方を計算して表現する必要があり，流動解析ソフトには発泡成形用のオプション機能が設定されている。基本的な考え方は第7章で示した通りである。本章では，微細射出発泡成形（MuCell）のシミュレーションに対する取組み状況について例を挙げて紹介する。

微細射出発泡成形のシミュレーションでは，成形品の部分ごとにおける気泡密度および気泡径の予測が行われ，更には反りの予測も行われる。

2　従来の発泡シミュレーション

発泡成形のシミュレーションにおいて，気泡核の生成を計算するのは非常に計算負荷がかかるため，従来は一定の気泡密度で気泡核が生成すると仮定し，気泡密度を入力して計算させる方法が用いられてきた。この考え方では，金型キャビティ内で圧力が高い部分と低い部分で気泡密度に差が出ない。実際の微細発泡成形では，物理発泡剤の飽和圧力以上では気泡核が生成しないため，圧力が高い部分では気泡核生成が遅れ，成形品内部では気泡密度に分布が生じる。

図1には，充填途中の気泡の様子（上段）と充填終了後の気泡の様子（下段）について，従来型のCAE解析と現実の微細射出発泡成形における気泡のイメージを示した。従来型のCAE解析では圧力が高い部分（ゲートに近い位置）と圧力が低い部分（ゲートから離れた位置）で気泡密度に差が無いとして解析していたため，現実の気泡の様子（右側）との違いがあった。

上記の課題を解決するために，CoreTech System社のMoldex3DはTakiの文献[1]に記載された理論式を用いて気泡核の生成，気泡成長を計算して解析している。また，Auto Desk社のMoldflowでもトロント大学の知見をベースに気泡核の生成を計算するモードが選択可能になった。

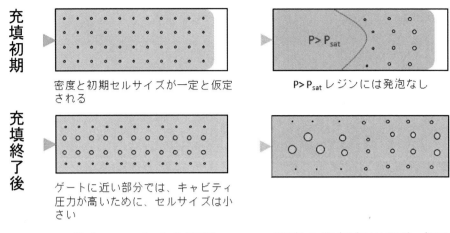

図1 従来のCAE技術による発泡解析（左）と現実の微細射出発泡成形（右）の気泡分布，気泡径分布のイメージ

3 気泡発生・成長を織り込んだCAE

微細射出発泡成形において，溶融プラスチックと発泡剤であるガス（窒素や二酸化炭素）が完全・均一に溶け合い，単一相溶解物を形成し，溶解したガスの初期濃度（気泡が生成する前のガス濃度の状態）に分布がない場合，気泡核が生成すると気泡は周囲の溶融プラスチック相からガスを取り込んで成長するとともに，周囲の溶融プラスチック相のガス濃度を減少させる。そのため，最初に生成した気泡の成長速度が大きい（気泡内に向かってガスが流入する拡散速度が大きい）と，その気泡の近傍では新たな気泡核の生成は起こりにくくなる。

気泡核の数が多いと気泡1個に分配されるガス量が少なくなるため，気泡径は小さくなる。図2には気泡が多い場合と少ない場合の最終的な気泡径を示した。このように，成形プロセスにおいて，気泡が発生する数が多いか少ないかで最終的な気泡径に大きく影響されるため，気泡核の生成を正確に予測することは極めて重要である。

4 Moldex3Dで用いられている理論式

気泡核生成モデルは(1)式で表される[1]。ここで，気泡核生成率$J(t)$が$J_{threshold}$より大きくなった時に核生成が始まるように設定される。

第8章 発泡成形のシミュレーションの現状

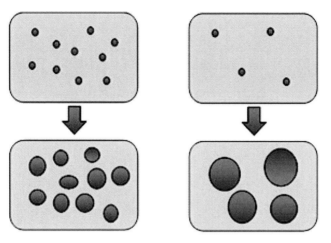

図2 気泡核生成数と気泡径の関係

$$J(t) = f_0 \left(\frac{2\gamma}{\pi M_w/N_A}\right)^{\frac{1}{2}} \exp\left(-\frac{16\pi\gamma^3 F}{3k_B T(\bar{c}(t)/k_H - P_C(t))^2}\right) N_A \bar{c}(t) \qquad (1)$$

ここで，f_0とFは，セルの核生成率の固定パラメータと定義する。

平均ガス濃度は(2)式で表す。ここでは，溶融プラスチック中のどこでも気泡核が発生し，ガスの平均濃度にのみ依存することが仮定されている。

$$\bar{c}(t) V_{L0} = c_0 V_{L0} - \int_0^t \frac{4\pi}{3} R^3(t-t',t') \frac{P_D(t-t',t)}{R_g T} J(t') V_{L0} \, dt' \qquad (2)$$

気泡の成長は，気泡周囲の溶融プラスチックに溶けているガスが気泡に向かって物質移動する。ここで，ガス拡散式は(3)式，気泡半径の時間変化の式は(4)式で示される。

$$\frac{\partial c}{\partial t} = D\left[\frac{1}{r^2}\frac{\partial}{\partial r}\left(r^2 \frac{\partial c}{\partial r}\right)\right] \qquad (3)$$

　　D：溶融プラスチック相内のガス拡散係数

　　c：ガス濃度

　　r：気泡中心からの距離

$$\frac{dR}{dt} = \frac{R}{4\eta}\left(P_D - P_c - \frac{2\gamma}{R}\right) \qquad (4)$$

　　R：気泡径

　　η：溶融プラスチック相の粘度

105

P_D：気泡内のガス圧力
P_C：気泡周辺の圧力
γ：界面張力

5 解析例

5.1 気泡径解析の例

ガラス繊維30％のポリアミド6に物理発泡剤として窒素を0.2％添加して発泡成形した板形状（厚み3mm）の成形品断面のSEM写真を図3に示す。同じ成形品をX線CTで撮影し，画像処理によって気泡の状態を測定した結果を図4に，Moldex3Dによる解析結果を図5に示す。図4と図5のグラフ形状は良く一致している。

5.2 反り解析の例

フィラー無添加のポリプロピレンに物理発泡剤として窒素を0.5％添加して発泡成形した箱型形状の成形品と比較対象としてのソリッド成形品について断面形状のX線CT測定結果（図6）とMoldex3Dで解析した断面形状の結果（図7）を示す。実測結果ではソリッドと微細射出発泡成形（MuCell）それぞれの反り量は2.24 mm，0.88 mmであり，解析結果は2.9 mmと1.2 mmとなった。このように非常に良く微細射出発泡成形の反り低減効果を予測できている。

製品内部の気泡の様子についても図8にX線CTの結果と解析の結果を比較して示し

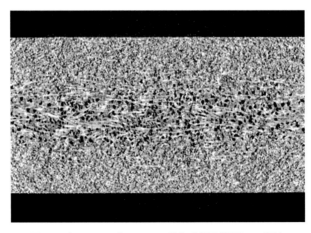

図3　ガラス30％入りPA6の発泡成形品断面SEM写真

第8章　発泡成形のシミュレーションの現状

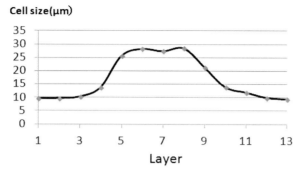
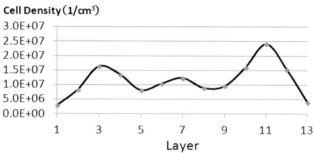

図4　X線CT撮影および画像処理によって得られた気泡径（上）と気泡密度（下）
　　　ただし，全厚みを13分割して各層ごとの値をプロットした。

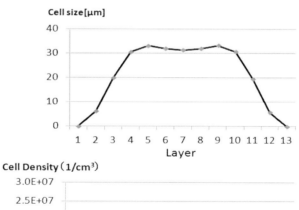
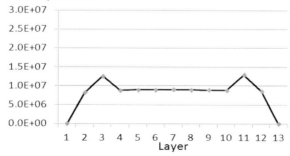

図5　Moldex3Dによる解析によって得られた気泡径（上）と気泡密度（下）
　　　ただし，全厚みを13分割して各層ごとの値をプロットした。

PP ソリッド材　　　　　　　　**MuCell N2 0.5%**

図6　PPソリッド品（左）と微細射出発泡（MuCell）成形品（右）
　　のX線CT測定による反り測定結果

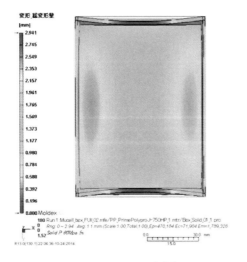 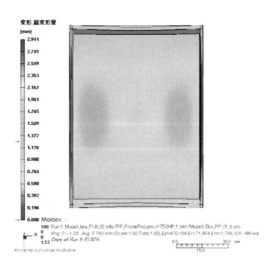

PP ソリッド材　　　　　　　　**MuCell N2 0.5%**

図7　PPソリッド品（左）と微細射出発泡（MuCell）成形品（右）
　　のMoldex3Dでの解析による反り測定結果

た。断面観察による気泡の分布と解析による結果が非常に良く一致していることが理解できる。

第 8 章　発泡成形のシミュレーションの現状

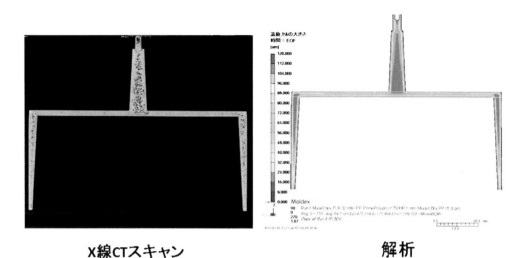

X線CTスキャン　　　　　　　　　　　　解析

図8　微細射出発泡成形におけるX線CTスキャンによる断面観察（左）と
　　　Moldex3Dによる気泡径解析の結果（右）

5.3　コアバック解析の例

　コアバック法は，プラスチックを充填した後に金型の可動側あるいは金型のスライドコアを移動させ，金型キャビティの容積を拡大させて高倍率の発泡体を得る手法であるため，成形の過程においてキャビティ形状が変化する。Moldex3Dではキャビティ拡大に相当する領域に対応するメッシュを加えることでコアバックに対応している（図9）。
　Moldex3Dによるコアバック発泡の解析例を示す[3]。CoreTech Systemsが京都大学と

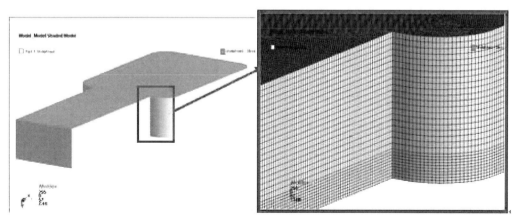

図9　コアバックによってキャビティが拡張する部分を表現したモデル
（CoreTech SystemsのHPより[2]）

共同で行った研究である。図10は解析と成形試験に用いた成形品の形状である。金型キャビティの厚みは2mmから10mmまで変化させることが可能であり，初期厚み2mmから4mm，6mm，10mmまで拡張（コアバック量はそれぞれ2mm，4mm，10mm）した。

成形に用いた材料はホモPPでプラスチック温度210℃，金型温度40℃，N_2ガス濃度0.2 wt％，保圧を40MPaで6秒後，コアバック速度を20 mm/secでコアバックして，実験とCAE解析での気泡径及び密度分布の比較を行った。結果を表1に示す。気泡密度，気泡径ともに近い値が得られた。

なお，この例は保圧時間が非常に長く，板厚中心部の温度が十分下がっている状態と考えられる。中心部の温度が高い状態からコアバックした場合に板厚中心部の気泡が裂ける現象の解析が今後の課題として残されている。

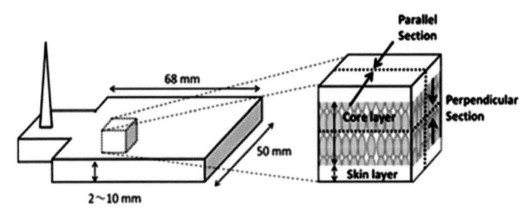

図10　コアバック発泡の実験及び解析に用いた製品形状及びSEMによる気泡観察で切り出した部分
(L.Y. Chang *et al.*, FOAMS 2015 Conference（2015）のFigure 1より引用)

表1　コアバック距離と気泡径
気泡密度の関係の実験と解析の比較[3]

Core-back distance	Experimental cell diameter (μm)	Calculated cell diameter (μm)	Experimental cell density (l/cc)	Calculated cell density (l/cc)
2 mm	85	80	3×10^6	1.5×10^6
4 mm	90	90	2×10^6	1×10^6
8 mm	155	105	1×10^6	8×10^5

（L.Y. Chang *et al.*, FOAMS 2015 Conference（2015）のTable 1より引用）

第 8 章　発泡成形のシミュレーションの現状

6　今後の課題

　微細射出発泡成形のCAE解析精度を高めるには，次に挙げるような課題がある。例えば①発泡核剤効果を持つ添加剤を含む材料の解析，②結晶化速度を考慮した気泡成長停止の解析，③より小さい気泡を観察できるX線CT測定技術と画像処理技術の確立，④金型キャビティ内圧力による気泡消失と気泡の再発生の解析などである。また，解析に必要なプラスチック物性のデータとともに窒素や二酸化炭素の溶解度データ，拡散係数のデータなどの整備が必要になる。

文　　　献

1) K. Taki, *Chemical Engineer Science*, **63**, 3643-3653（2008）
2) CoreTech Systems HP, http://support.moldex3d.com/r14/moldex3d/module-introduction/q-and-a/mesh-tips/solid-tips/how-to-set-mesh-morphing-fixed-boundary-condition/
3) L.Y. Chang *et al.*, FOAMS 2015 Conference（2015）

第9章 発泡製品の用途

1 はじめに

これまでの章では発泡成形の基礎的な内容について解説してきた。本章では発泡製品の具体的な用途を産業分野毎に分けて紹介する。発泡成形の技術開発が進むにつれて，新しい用途も拡大している。

2 自動車部品

自動車には重量ベースで10%を超える非常に多くのプラスチックが使用されている。各自動車メーカーでは更なる自動車軽量化のために軽いプラスチックを更に軽くする努力が進められている。軽量化目的の部品以外にもソフトタッチ，吸音，断熱を目的としたものもある。自動車に使われる発泡成形品には射出発泡成形品，押出発泡成形品，発泡ブロー成形品や発泡シート（および発泡層を含んだ複合シート）の真空成形品，ビーズ発泡成形品等がある。

2.1 内装部品
2.1.1 インスツルメントパネル

一般的にソフトタイプのインスツルメントパネル（インパネ）は，硬質樹脂製のコア材と軟質樹脂シート製の表皮材および両者の間に注入される発泡ウレタンから構成されているが，近年は硬質のインパネコア用途に射出発泡（特に微細射出発泡）成形が用いられるようになってきた。図1には微細射出発泡成形によるインパネコアの写真を示した。発泡成形によって1台あたり約500gの軽量化を実現した他，型締力45%低減，サイクルタイム15%低減のメリットが得られている[1]。

一方で，注入発泡ウレタンによるクッション層を射出発泡成形に置きかえる試みもある。2013年にデュッセルドルフ（ドイツ）で開催されたK2013ではTrexel Inc.ブースに二色成形とコアバック発泡技術を活用したソフトタイプのインパネが展示された（図2）。これはEngelが開発したDolphin技術が用いられている。Dolphin技術とは，対向二色成形機の可動プラテンにMuCell技術の第2射出ユニット（超臨界流体を溶解して射

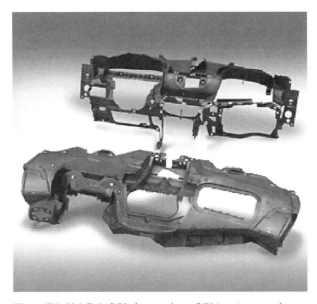

図1　微細射出発泡成形（MuCell）で成形されたインパネコア
（トレクセルジャパンのHPより引用，http://www.trexel.com/index.php/ja/automotive/instrument-panel-jp）

図2　K2013でTrexelのブースに展示されたEngelのDolphinプロセスを用いたダイムラーの発泡インパネ

出）を取付け，第1射出ユニットから射出されたコア材（硬質）の上に第2射出ユニットから射出された発泡性エラストマーを重ね，コアバックして発泡倍率を増す。エラストマーの部分は気泡が存在しないソリッドスキン層（表皮材に相当）と高倍率の発泡層（クッション層に相当）が一つの成形動作で積層される。

2.1.2　ドアトリム

近年，ドアトリムは表皮を積層しない射出成形によるものが多いが，射出発泡成形とコアバックを組合わせて高発泡倍率化して軽量化を図る例が増えてきている。図3には

第9章　発泡製品の用途

図3　射出発泡＋コアバック＋カウンタープレッシャー法による軽量ドアトリムの例
(「人とくるまのテクノロジー展2017横浜」における河西工業ブースの展示サンプル)

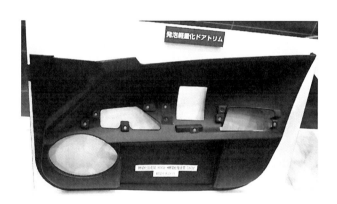

図4　カウンタープレッシャー法とコアバック法を併用した軽量なドアトリムサンプル
(「オートモーティブワールド2016」の積水化学工業ブースにおける展示サンプル)

展示会の河西工業ブースで出展された表皮無しの発泡PP製ドアトリム(キャビントリム)の写真を示した。表面のスワールマークによる不良を避けるために金型内を加圧して行うカウンタープレッシャー法が併用されている[2]。カウンタープレッシャー法に関しては，第5章の中で述べている。カウンタープレッシャー法とコアバック法の組合せによる軽量化と外観品質維持の取組みについては，積水テクノ成型も展示会でサンプル展示を行っている(図4)。

図5は河西工業のHPに掲載されている，押出発泡によるPPシートを真空成形して表皮材を積層した非常に軽いドアトリムの例である[2]。図6には住友化学と住化プラス

図5　押出発泡PPシートを芯材にして，表皮材を積層した超軽量ドアトリムの例
（河西工業のHPより引用，https://www.kasai.co.jp/product/cabintrim/）

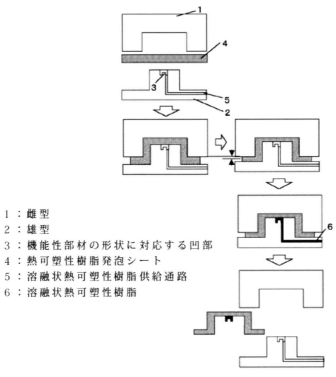

1：雌型
2：雄型
3：機能性部材の形状に対応する凹部
4：熱可塑性樹脂発泡シート
5：溶融状熱可塑性樹脂供給通路
6：溶融状熱可塑性樹脂

図6　特開2005-7874の図4および注釈

第9章　発泡製品の用途

図7　レザーとPPの押出発泡シートを積層した表皮材を用いたドアトリム
(「オートモーティブワールド2016」における積水化学工業ブースの展示)

テックによる発泡シートの熱プレス成形による賦形と小型射出ユニットからクリップ座等の射出を行って一体化するプロセスが示されている[3]。

高級車のドアトリムの表皮材にはクッション層として架橋PPの押出発泡シートが用いられることがある。図7には展示会で積水化学工業が展示していた発泡シート複合表皮材を用いたドアトリムの写真を示す。ウレタン注入に比べて簡単でドライな工程で製造されるソフトタイプのドアトリムである。

2.1.3　サンバイザー

サンバイザーの製法にはいくつかあるが、代表的な工法はビーズ発泡ポリプロピレンを用いる方法である[4]。図8に東名化成のHPに掲載されているサンバイザーの写真を示す。

2.1.4　センタークラスター周辺部品

図9はカーエアコンのコントロールパネルであり、フィルムインサート成形と微細射出発泡成形（MuCell）の組合せ技術による製品である。フィルムインサート成形品におけるヒケの目立ちと発泡成形におけるスワールマークの目立ちの両方が解決できる組合せである[5]。

2.2　外装部品

図10は微細射出発泡成形（MuCell）で成形されたサンルーフフレームの写真である。部品点数の削減、ソリの低減を実現している[6]。ウェザーストリップにおいても軽量化のために発泡成形が採用されている[7]。

日産セレナのサイドシルプロテクターや、スバルのSUBARU VXのサイドガーニッ

117

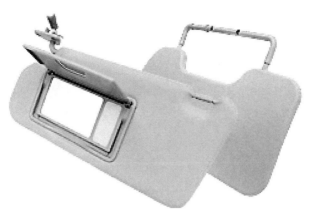

図8　ビーズ発泡ポリプロピレンを用いたサンバイザーの例
（東名化成のHPより引用，http://www.tomeikasei.co.jp/car/）

図9　フィルムインサート成形と微細射出発泡成形（MuCell）の組合せによるカーエアコンコントロールパネル
（トレクセルジャパンのHPより引用，http://www.trexel.com/index.php/ja/automotive/control-cover-jp）

図10　微細射出発泡成形（MuCell）で成形されたサンルーフフレーム
（トレクセルジャパンのHPより引用，http://www.trexel.com/index.php/ja/automotive/sun-roof-frame-jp）

第 9 章　発泡製品の用途

シュ（どちらも自動車のボディーの保護と意匠性向上のために付けてある部品）には射出発泡成形品が採用されている（図11）。詳しい製法は公表されていないが，コアバック法を用いていると考えられ，同じ剛性のソリッド品に比べて約30％の軽量化を実現するとともに，外観品質（光沢，色等の状態及び耐候性）も十分な水準にある[8]。

2.3　エンジンルーム部品
2.3.1　HVAC
　カーエアコンの冷風および温風の風量調整・切替のためのユニットがHVACと呼ばれる部品である。形状が複雑で重量もあり，断熱特性の期待もあるため，発泡成形が検討され，いくつかの車種に搭載された実績がある。

2.3.2　エンジンカバー
　一部の自動車メーカーでは，高燃費エンジンのエンジンカバーにポリアミド樹脂製の発泡エンジンカバーを採用している。このエンジンカバーは化学発泡あるいは微細射出発泡成形（MuCell）とコアバックの組合せにより成形されている。図12は展示会で東洋紡が展示しているマツダのスカイアクティブエンジン用のエンジンカバー（成形はダイキョーニシカワ）である。

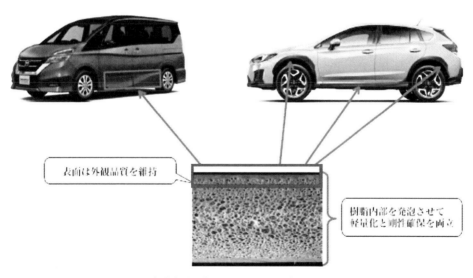

図11　自動車外装部品への射出発泡成形品採用の例
（日立化成プレスリリースの参考図より引用[8]）

図12　微細射出発泡成形とコアバックを併用してポリアミド樹脂で成形されたエンジンカバー
（「クルマの軽量化技術展2017」の東洋紡ブースの展示サンプル）

　エンジンカバーの吸音・遮音素材としても発泡製品が使用されている。例えばフォルクスワーゲンのエンジンカバーの遮音材にメラミン発泡体が採用されている。

2.3.3　ファンシュラウド

　図13には微細射出発泡成形（MuCell）で成形されたファンシュラウドの写真を示した。部品点数の削減（一体化），軽量化，耐疲労特性の向上，工程管理指数の向上等のメリットが得られている[9]。

2.4　機能部品

2.4.1　衝撃吸収パッド

　樹脂製バンパーの裏側に設置して衝突時の衝撃を吸収する部品（衝撃吸収パッド）はバンパーファエシア（バンパー表面部品）の裏側に合わせた形状にビーズ発泡ポリプロピレンで成形される[10]。図14には写真を示した。

　ドアトリムの裏に装着される衝撃吸収パッドは発泡ウレタン製のものが多い[11]。図15に発泡ウレタン製の衝撃吸収パッドの写真を示した。

2.4.2　エアダクト

　自動車用空調ダクトの軽量化と断熱特性を目的として発泡ブロー成形による製品が開発されている。断熱性が向上することで，断熱用に発泡ウレタンを貼る必要が無くなり，部品点数が削減されている[12]。図16にはブロー成形によって成形されたエアダクト（キョーラク）の写真を示した。

第9章　発泡製品の用途

図13　細射出発泡成形（MuCell）で成形されたファンシュラウド
（トレクセルジャパンのHPより引用，http://www.trexel.com/index.php/ja/automotive/fan-shroud-jp）

図14　ビーズ発泡ポリプロピレン製のバンパー用衝撃吸収部品の例
（K2016のカネカブースの展示サンプル）

　発泡エアダクトは発泡ブロー成形以外にも射出発泡成形品や押出発泡シートを真空成形した成形品を2枚合わせる方法もある（図17）。

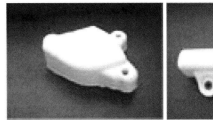

図15 発泡ウレタン製の衝撃吸収パッドの例
(ブリヂストンのHPより引用, http://www.bridgestone.co.jp/products/dp/automotive_components/urethane/ea_pad.html)

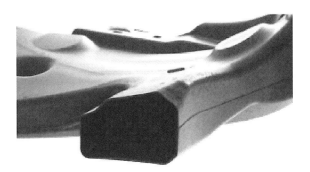

図16 発泡ブロー成形による空調用ダクトの例
(キョーラクのHPより引用, http://www.krk.co.jp/tech/foaming.html)

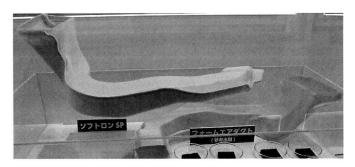

図17 ポリプロピレンの押出発泡シートからなるエアダクト
(「オートモーティブワールド2016」の積水化学工業ブースの展示サンプル)

2.4.3 ドアキャリア

ドアモジュールに用いるドアキャリアはガラス長繊維強化ポリプロピレンを微細射出発泡成形（MuCell）によって成形される。この部品にスピーカーやウィンドウ開閉のための電動ユニットを取り付ける[13,14]。図18にドアキャリアの写真を示した。

第9章　発泡製品の用途

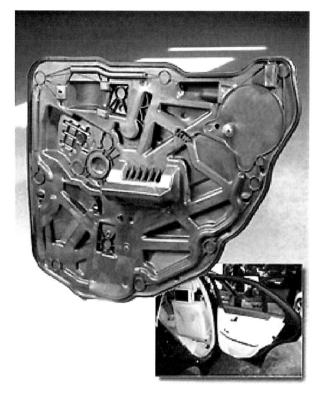

図18　ドアキャリア部品の例
（トレクセルジャパンのHPより引用，http://www.trexel.com/index.php/ja/automotive/rear-door-carrier-jp）

3　食品容器・包材

食品容器・包材では，断熱性，密閉性，光遮断性や軽量性を活かして発泡製品が使用されている。

3.1　カップ・トレー

ホット飲料のカップ，フードコート等の麺類用使い捨て丼，インスタントカップ麺の容器，スーパーマーケットの食品売り場で用いられるトレー（第1章の図7），納豆の容器等は押出発泡成形によって製造されたポリスチレンの発泡シート（PSP）を真空成形によって賦形されて製造される[15]。図19には納豆容器のスケッチ，図20にはカップ麺容器の断面図を示した。

123

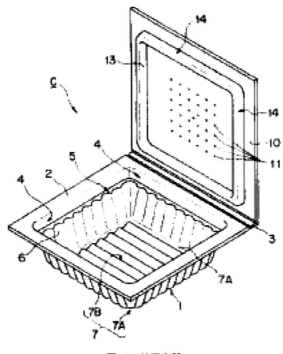

図19 納豆容器
（特開2002-166990より引用）

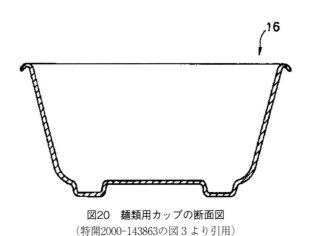

図20 麺類用カップの断面図
（特開2000-143863の図3より引用）

3.2 キャップシール

飲料や化粧品の容器の蓋の内部には内容物が漏れないようにするためのパッキンが装着されている[16]。最も多く用いられているのは低密度ポリエチレンの発泡体（例えば三井化学東セロのハイシート）である。低密度ポリエチレン発泡体は衛生的かつ，低臭で

第9章　発泡製品の用途

内容物への影響が少なく，適度なクッション性により優れた密封性を備えている。

近年では輸入ワインの栓がコルクに代わって発泡成形品が使用されるようになってきている。密閉性に優れ，開栓時にコルクが崩れることが無いという利点がある。

3.3　飲料ボトル

PETボトルは透明で内容物が見えるが，その半面光線によって内容物が劣化する可能性がある。遮光のためにPET以外の材質と複合化すると，リサイクル性が著しく低下する。そこで，微細発泡させたプリフォームを延伸ブロー成形することで，延伸されて扁平形状になった気泡が光を反射して遮光できる不透明なPETボトルが登場した。東洋製罐は窒素ガスを溶解させ，かつ気泡を発生させない条件でプリフォームを射出成形し，延伸ブロー工程における予熱時に気泡を発生させる方法を採用している。図21は東洋製罐の方式によるボトルの断面図である。

一方で，プリフォームを微細発泡で成形し，発泡したプリフォームを延伸ブロー成形する方法もある。図22において右が微細射出発泡成形によるプリフォームで，左が延伸ブロー成形による遮光ボトルである。

4　輸送・梱包

物流分野では発泡製品は非常に多く使われている。軽量で剛性が高い容器が得られることと衝撃吸収によって運搬する製品の破損を防ぐ効果が高いからである。

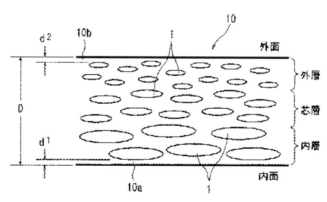

図21　発泡遮光ボトルの断面
（特開2013-241001の図1より引用）

図22 遮光ボトルと発泡プリフォーム
(K2016におけるMilacronブースの展示)

4.1 緩衝材

ビーズ発泡ポリスチレン(発泡スチロール),押出発泡ポリエチレン,ビーズ発泡ポリエチレンは電化製品等を段ボール箱に収納する際に用いる緩衝材として用いられている(第1章の図8)。図23は電化製品の梱包に使われているビーズ発泡成形品である。ビーズ発泡以外にも厚物の押出発泡ポリエチレンを切削して用いられることもある。電化製品の表面保護には薄物のポリエチレンシートが用いられている(第1章の図9)。

プラスチックの高発泡体は梱包に用いる隙間充填にも用いられている。図24はDMノバフォームのコーンスターチ/ポリビニルアルコールの発泡体であり,生分解性がある。

4.2 容器

発泡スチロールの箱は軽量で剛性があり保温性に優れるため,鮮魚等の輸送に多く用いられている。押出発泡ポリプロピレンシートは折りたたんで箱にして容器として用い

第9章　発泡製品の用途

薄型テレビの緩衝材
発泡スチロールの緩衝材
（発泡スチロール協会HP）

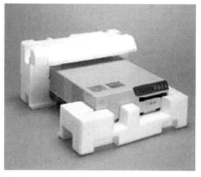
ビーズ発泡ポリエチレンの緩衝材
（旭化成ケミカルズHP）

図23　緩衝材に用いられるビーズ発泡成形品

図24　緩衝材に用いられる高倍率発泡体
（DMノバフォームHP）

られる（第1章の図14）。

5　電気・電子・電線

電気・電子・電線分野では発泡による光線反射特性や低誘電性を活かした用途がある。

5.1　反射フィルム

液晶ディスプレイ等に用いられる反射フィルムには，微細発泡と気泡の延伸による扁

平化によって高反射率を達成している製品がある。古河電気工業のMC-PET[17]はその代表であり，バッチ発泡によって製造されている（第3章3節）。

一方で，押出発泡による微細発泡シートも開発されている。三井化学はアクリロニトリル・エチレンプロピレンゴム・スチレン共重合体（AES）が特異的に気泡を微細化させることを見出して[18]，反射フィルムとして用途開発している。アクリロニトリルとスチレンから成る相に比べてエチレンプロピレンゴム相のガス溶解度が高いこととエチレンプロピレンゴム相の分散粒子が小さいことが起因している。図25には文献18）に記載のポリマーの種類によるガスの溶解度の違いに関するグラフを示した。

5.2 電線被覆

情報通信の高速化，大容量化が進むにつれ，通信ケーブルのノイズ対策が重要になってきている。ノイズ対策として通信ケーブルの層構成の中に発泡層が設けられている[19]。図26に通信ケーブルの写真を示す。発泡層の誘電率が小さいことを利用した用途である。

6 建材

6.1 断熱材

住宅等の省エネ性能を高めるために屋根裏，壁の内部，床下に断熱材が用いられてい

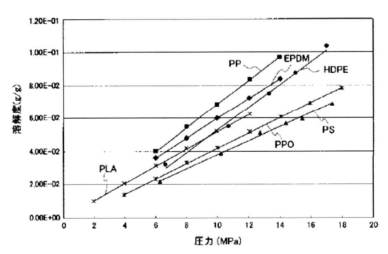

図25 ポリマーの種類による溶解度の圧力依存性の違い
（特開2012-72415の図1より引用）

第9章　発泡製品の用途

図26　高発泡層を持った通信ケーブルの例
（日立金属HP，http://www.hitachi-metals.co.jp/products/infr/in/cables_communication.html）

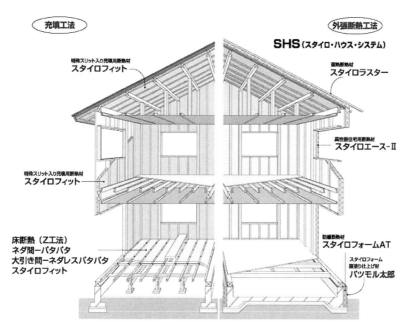

図27　押出発泡ポリスチレンの住宅用断熱材用途の例
（ダウ化工HP，https://www.dowkakoh.co.jp/product/01product.htmlより引用）

る。断熱材にはガラスウール等と並んで発泡製品が使われている。代表的なものは押出発泡ポリスチレン（XPS）であり[20]，他にもビーズ発泡ポリエチレンが用いられることもある。図27にその使い方の図を示した。

6.2 畳

畳の内部には押出発泡ポリスチレンが用いられることが多い。図28に構成の例を示す。藁のみの構成に比べ，軽量で断熱性能に優れる。

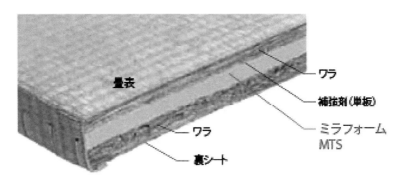

図28　発泡体が使われている畳の構成の例
（JSP HP，http://www.co-jsp.co.jp/product/product04_4.htmlより引用）

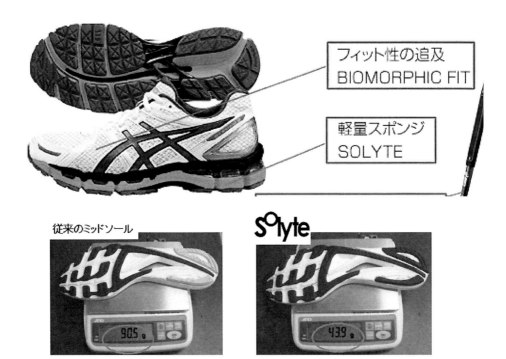

図29　スポーツシューズの軽量スポンジ
（アシックスHP，http://corp.asics.com/jp/about_asics/institute_of_sport_science/structural_materialsより引用）

第9章　発泡製品の用途

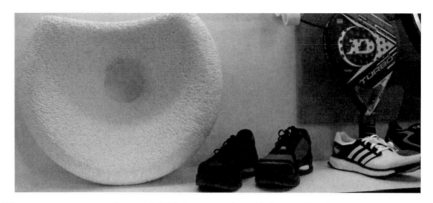

図30　K2016のBASFブースに展示されたTPUビーズ発泡とアディダスのスポーツシューズ

7　履物

　スポーツシューズの底の部分は従来からEVA（エチレン酢酸ビニル共重合体）の架橋プレス発泡によって製造されてきた（第3章4節）。近年のマラソンブームによりフルマラソンや，更に長距離（例えば100 kmマラソン）を走るランナーが増え，ランニングシューズに求められる機能が複合化（軽量，安定性，衝撃吸収，反発性）している。アシックスのソライトは直鎖状短鎖分岐低密度ポリエチレンとその他のエラストマーを複合化して軽量で機械強度に優れた発泡体を達成している[21]。図29にシューズの構造を示した。

　スポーツシューズの軽量化と反発性のために別なアプローチもある。BASFはK2016でTPUのビーズ発泡体を展示し，反発特性のデモを行っていた[22]。実際にアディダスのシューズに採用されている（図30）。

文　　献

1) トレクセルジャパンHP，http://www.trexel.com/index.php/ja/automotive/instrument-panel-jp
2) 河西工業HP，https://www.kasai.co.jp/product/cabintrim/
3) 特開2005-7874
4) 東名化成HP，http://www.tomeikasei.co.jp/car/
5) トレクセルジャパンHP，http://www.trexel.com/index.php/ja/automotive/control-cover-jp
6) トレクセルジャパンHP，http://www.trexel.com/index.php/ja/automotive/sun-roof-frame-jp

7) 寺本光伸，安達健太郎，豊田合成技報，**51**，29-30（2009）
8) 日立化成プレスリリース（2017年7月13日），
http://www.hitachi-chem.co.jp/japanese/information/2017/n_170713v2k.html
9) トレクセルジャパンHP，http://www.trexel.com/index.php/ja/automotive/fan-shroud-jp
10) カネカHP，http://www.kaneka.co.jp/branch/expand/#c1
11) ブリヂストンHP，http://www.bridgestone.co.jp/products/dp/automotive_components/urethane/ea_pad.html
12) キョーラクHP，http://www.krk.co.jp/tech/foaming.html
13) 梶山智宏，高橋知希，高橋信之，マツダ技報，**30**，109-113（2012）
14) トレクセルジャパンHP，http://www.trexel.com/index.php/ja/automotive/rear-door-carrier-jp
15) 発泡スチレンシート工業会HP
16) 日本キャップ協会HP
17) 古河電気工業HP，http://www.furukawa.co.jp/mcpet/
18) 特開2012-72415
19) 日立金属技術資料「高発泡ポリエチレン絶縁高周波同軸ケーブル」
20) 押出発泡ポリスチレン工業会HP，http://www.epfa.jp/
21) アシックスHP，http://corp.asics.com/jp/about_asics/institute_of_sport_science/structural_materials
22) K2016レポート（射出成形機，成形材料，特殊成形），https://plastics-japan.com/archives/1817

第10章　発泡用材料の技術動向

1　はじめに

すでに第7章「気泡の生成と成長」で述べたように発泡成形においては気泡の生成・成長を制御することが重要である。そのために発泡成形に適した材料設計が行われている。本章では発泡成形用に設計された材料の技術動向について紹介する。

2　ビーズ発泡用材料

ビーズ発泡のプロセスについては第3章2節で述べたが、一般的にはポリスチレン、ポリエチレン、ポリプロピレンが用いられ、柔軟高反発用途ではTPU（第9章7節参照）も用いられている。

積水化成品工業はポリスチレンとポリオレフィンの複合化したビーズ発泡体（ピオセラン）を開発した。ビーズの段階でポリスチレンとポリオレフィンが複合化されており、成形はEPSのプロセスがそのまま適用できる。ポリスチレンの高剛性・高発泡性とポリオレフィンの耐衝撃性・耐薬品性を兼ね備えた特長を有している。

3　押出発泡用材料

3.1　押出発泡用ポリプロピレン

押出発泡に適するポリプロピレンの開発は2000年前後に盛んに行われていた。発泡シートの押出時における気泡の合一を抑制するには歪み硬化性の付与が不可欠であり、各社各様のアプローチが行われた。

グランドポリマーの出願[1]によれば、極限粘度［η］が8～13dl/gの高分子量ポリプロピレンを15～50重量％含み、分子量分布が広い（分子量分布Mw/Mnが6～20、かつMz/Mwが3.5以上）ものが良好な押出発泡シートを与えると記されている。

チッソの出願[2]によれば、超高分子量ポリエチレンがポリプロピレン中に微分散したものを用いると微細な気泡で高倍率のポリプロピレン発泡シートが得られると記されている。超高分子量ポリエチレンを微粒子状に重合した後に引続きプロピレンの重合が

行われることで得られ，超高分子量ポリエチレンを後から添加しても発泡特性は得られない。

その他にも放射線や過酸化物によってポリプロピレンを架橋して歪み硬化性を発揮させた銘柄が多く市場に投入されたが，材料としての熱安定性や架橋時におけるゲルの生成等の問題もあった。

上記の材料はいずれも高分子量成分あるいは分岐構造による分子鎖の絡み合い効果によって歪み硬化性を発現させている。しかしながら，ポリプロピレンメーカーの経営統合や製造プラントのスクラップ・アンド・ビルドによる大型化によって，特殊銘柄である発泡用ポリプロピレンは廃番になっていった。

その中で，近年日本ポリプロによって新たな発泡用ポリプロピレンが開発され，WAYMAXとして市場投入された[3]。同社はメタロセン触媒技術を用いてプロピレンを重合して末端に重合性の二重結合を残したマクロマーを生成する触媒成分，マクロマーとプロピレンを立体規則性良く共重合する触媒成分を同一担体上に担持させた専用の触媒により，長鎖分岐を数多く持った分岐ポリプロピレンの重合による，発泡用ポリプロピレン銘柄の製造技術を確立した[4〜7]。表1にWAYMAXの物性表，図1にメルトフローレートと溶融張力の関係を示した（いずれも日本ポリプロ／WAYMAX紹介パンフレットより引用）。

3.2 押出発泡用ポリスチレン

ポリスチレンは押出発泡にも多く用いられる材料である。特に発泡特性を高めた発泡専用銘柄も開発されている。1分子中にビニル基を2個持つビニルモノマーを用いることで，高分岐型超高分子量体を含むスチレン系樹脂組成物が得られる[8]。表2は東洋ス

表1 高溶融張力PP　WAYMAXの物性表

		MFXシリーズ			EXシリーズ		
		MFX8	MFX6	MFX3	EX8000	EX6000	EX4000
成形法 発泡領域		丸ダイ 高倍発泡	丸ダイ 高倍発泡	丸ダイ 低倍発泡	丸ダイ 高倍発泡	丸ダイ 高倍発泡	Tダイ・丸ダイ 低倍発泡
MFR（230℃）	g/10min	1.1	2.5	9.0	1.5	2.9	6.2
溶融張力（230℃）	g	25	17	5	14	9	4
引張弾性率	MPa	1,900	2,000	1,900	1,500	1,600	1,500
シャルピー衝撃強度（23℃）	kJ/m^2	4	4	4	15	10	9

（日本ポリプロ技術資料より）

第10章　発泡用材料の技術動向

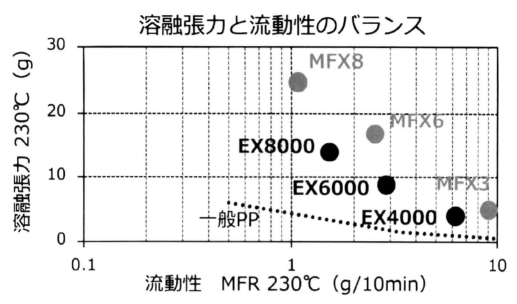

図1　高溶融張力PP　WAYMAXのメルトフローレートと溶融張力の関係
（日本ポリプロ技術資料より引用）

表2　東洋スチレンの発泡用銘柄

特徴			押出・発泡用	押出・発泡用	押出・発泡用
			中分子量	高分子量	良流動・高張力
品種名			HRM12	HRM26	HRM48N
メルトマスフローレイト	JIS K 7210	g/10min	5.4	1.6	2.2
ビカット軟化温度（50N荷重）	JIS K 7206	℃	102	103	102
荷重たわみ温度（1.8MPa荷重）	JIS K 7191	℃	81	82	81
シャルピー衝撃強さ	JIS K 7111	kJ/m^2	1.4	2.0	2.1
引張破壊応力	JIS K 7161	MPa	45	50	50
引張破壊ひずみ	JIS K 7162	%	3	3	3
曲げ強さ	JIS K 7171	MPa	95	104	99
曲げ弾性率	JIS K 7171	MPa	3200	3200	3250
ボールプレッシャー登録温度	電気用品安全法	℃	−	−	−
燃焼性	UL94	−	−	HB	−
食品衛生法（厚生省告示370号）	−	−	○	○	○
ポリ衛協自主規制基準	−	−	○	○	○

※上記データは代表値であり，品質保証値ではありません。ご使用に際してはご使用目的に沿った試験性能をご確認ください。また，本データは品質改良などにより修正される事が有ります。

（東洋スチレンのHPから引用）

チレンのGPPSから発泡銘柄を抜き出したものである。

3.3 押出発泡用AES樹脂

すでに第9章5.1項で述べたように，アクリロニトリル・エチレンプロピレン・スチレン共重合体（AES樹脂）は非常に微細な気泡を持った発泡シートを与える[9]。文献9）の特許公報では，実施例としてメルトフローレートが4.0のAESが用いられている（日本エイアンドエルのユニブライトUB-860が用いられている）。

4 射出発泡成形用材料

4.1 射出発泡成形用ポリプロピレン

日本ポリプロによる出願[10]によれば，メルトフローレートが150 g/10 min以上の高流動のホモポリプロピレンと極限粘度［η］が5.3～10dl/gのエチレン・プロピレン共重合体ゴムから成る耐衝撃性ポリプロピレンは表面外観（シルバーストリークの状態），面張り，発泡倍率，気泡形態が良くなると記されている。高分子量のゴム成分により高粘度化して気泡の破裂や合一を抑制しているものと考えられる。

同社は，前述の押出発泡用ポリプロピレンをベースにした材料を射出発泡用途に展開し始めている。日本ポリプロによる別の出願[11]によると，メタロセン触媒を用いた特定のプロピレン-エチレン共重合体を用いるとウェルドラインが目立たず，微細形状の転写性に優れるという特長が記載されている。これは結晶化速度を遅くしているためであり，射出発泡成形においてしばしば問題となるスワールマークを目立たせなくする効果も併せ持つと期待される。

上記効果に加えて，結晶化速度が遅いことは，特にコアバック発泡において適当なコアバック遅延時間を確保することで板厚中心部の粘度と金型内壁に近い部分の粘度差を小さくすることができるため，気泡径分布が小さく発泡倍率が大きい発泡体が得られることが期待される（第5章3節参照）。

4.2 ポリプロピレン用添加剤

住友化学による出願[12]によれば，ポリプロピレンにソルビトール系化合物を少量添加することで平均気泡径が小さく，気泡径分布が狭くなることが記されている。ソルビトール系化合物はポリプロピレンの結晶を微細化させて透明性を高めるために用いられることが多く，透明核剤として知られている。このような透明核剤による微細な結晶の

第10章　発泡用材料の技術動向

発生・成長は気泡の拡大・合一を抑制する効果を持つものと考えられる。

ソルビトール系化合物はコアバック発泡にも特異的な効果を持っている。すなわち，ソルビトール化合物を添加したポリプロピレンを高倍率にコアバック発泡すると，コアバック方向に引き伸ばされて，気泡壁が裂けて連続気泡化して繊維状になることが京都大学によって報告されている[13]。

その一方でソルビトール化合物は溶融ポリプロピレン中でゲル化してネットワーク構造を形成することも知られており，気泡微細化の効果が微細な結晶によるものなのかネットワーク構造による低せん断域における粘度上昇によるものなのか，今後の研究によってはっきりしてくるであろう。

京都市産業技術研究所の研究によると，セルロースナノファイバーに表面処理を行ってポリプロピレンにブレンドすると低せん断域における粘度が上昇し，セルロースナノファイバーの添加が無いものに比べてバッチ発泡試験による気泡径が小さくなることが報告されている[14]。

カネカによる出願[15]によれば，溶融張力が小さいポリプロピレン（メルトフローレートが10g/10分以上100g/10分以下，メルトテンションが2cN以下である線状ポリプロピレン系樹脂）と溶融張力が大きい（メルトフローレートが0.1g/10分以上10g/10分未満，メルトテンションが5cN以上で，かつ歪硬化性を示す）改質ポリプロピレンのブレンドが有効であると記されている。ここで改質ポリプロピレンの製造法としてはホモポリプロピレンを過酸化物存在下でイソプレンによる架橋を行っている。高流動性と泡持ち性を両立させることで，コアバック法による高倍率を可能にしていると考えられる。

ポリプロピレンの結晶化を遅延させる添加剤としては黒色色材であるニグロシンが有効である[16]。ニグロシンの効果は結晶核発生数の抑制，結晶化温度の低下，結晶化速度の低下が知られており，特にポリアミドに対する結晶化遅延効果が詳細に報告されている[17]。

4.3　射出発泡成形用ポリアミド

射出発泡成形に向いたポリアミド樹脂として最初に登場したのはRhodia（現在Solvayグループ）のTechnylXcellである。この材料は元々TechnylStarと呼ばれる星型構造の分岐ポリアミドで，結晶化速度が遅いという特徴を持ち，射出成形でシボや鏡面転写性に優れるという特長を持っていた。これを微細射出発泡成形用銘柄として転用されたものである。星型ポリアミドの製法に関しては文献18)に記述がある[18]。

東洋紡はコアバック発泡で高倍率，均一な発泡構造，優れた表面外観を得る目的で，

結晶化特性に注目して材料開発を行った[19]。文献19) によると結晶性ポリアミドとして昇温速度20℃／分における融点と降温速度20℃／分における結晶化温度の差が37℃以上のポリアミドを選ぶと良いことが開示されている。また，黒色顔料としては結晶化促進効果を持たない特殊なカーボンを使用することが開示されている。

ユニチカは発泡用ナイロンとしてフォーミロンを上市している。この材料の特徴は，せん断粘度のせん断速度依存性が大きい（低せん断域でより高粘度になる）ことと，伸長粘度が大きいことにある（図２）。図２に示すようにせん断粘度のレベルを比べると通常のポリアミド６と射出発泡用ポリアミド６（A3205SF）の粘度レベルは同レベルであるが，射出発泡用の方がせん断速度に対する粘度の傾きが大きく，伸長粘度を比べると射出発泡用の方が１桁以上大きい値になっている。この伸長粘度特性が気泡の合一を抑制し，流動末端での気泡の破裂によるスワールマークも抑制する。

ポリアミド樹脂にセルロースナノファイバーを添加すると発泡特性が向上することも

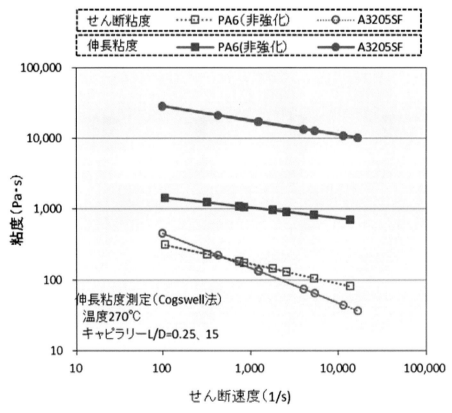

図２　射出発泡用ナイロン　フォーミロンの粘度特性
（ユニチカ資料より）

第10章　発泡用材料の技術動向

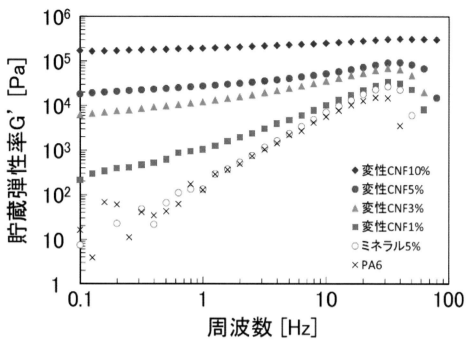

図3　変性セルロースナノファイバー添加ポリアミドの動的粘弾性挙動
（京都市産業技術研究所研究報告，No.6の図2を引用）

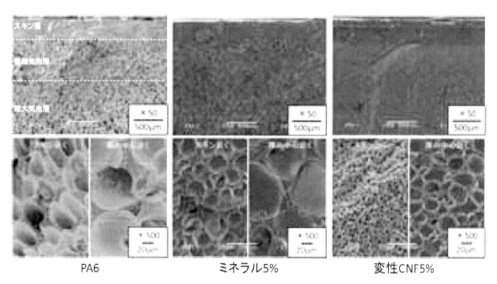

図4　ポリアミドのコアバック発泡におけるセルロースナノファイバーの添加効果
（京都市産業技術研究所研究報告，No.6の図4を引用）

知られている。京都市産業技術研究所を中心としたチームでは疎水化変性したパルプをポリアミド6と溶融混合（混合時に解繊が起こる）したコンポジットの動的粘弾性測定において低せん断域でセルロースナノファイバーの添加量が多いほど貯蔵弾性率が高くなることを示している（図3）[20]。ここで，比較としてミネラル添加も示しているが，ミネラルの場合は粘度特性には大きな変化は無い。図4にポリアミド6のコアバック発泡におけるセルロースナノファイバーの添加効果を示す。ミネラル添加でも無添加のポリアミド6に比べると気泡径は小さくなるが，セルロースナノファイバー添加系では気泡径が一段と小さくなっている。セルロースナノファイバーはポリアミド中で互いに絡み合ってネットワーク構造を形成することで，気泡壁が破れて気泡合一が起こることを抑制していると考えられる。

文　　献

1) 特許公報　再表99/007752
2) 特許公報　再表97/020869
3) 日本ポリプロ，プレスリリース（2015年4月10日）
4) 特開2009-40959
5) 特開2009-57542
6) 特開2009-108247
7) 特開2014-181314
8) 特開2013-100427
9) 特開2012-72415
10) 特開2010-150509
11) 特開2013-59896
12) 特開2004-269769
13) 宮本嗣久，小林めぐみ，金子満晴，大嶋正裕，マツダ技報，**33**，130-134（2016）
14) 伊藤彰浩，仙波健，北川和男，矢野浩之，奥村博昭，京都市産業技術研究所研究報告，**3**，8-13（2013）
15) 特開2010-106093
16) 特開2007-274274
17) オリエント化学工業HP，http://www.orientblack.com/jushi/jushi_NIGROSINE1.html
18) 特表2007-505772
19) 再表2014/185371
20) 伊藤彰浩，仙波健，田熊那郎，俵正崇，西岡聡史，大嶋正裕，矢野浩之，京都市産業技術研究所研究報告，**6**，1-6（2016）

あとがき

　「まえがき」にも書いたように，私が監修した『プラスチック発泡技術の最新動向』がシーエムシー出版から発行されたのが2015年9月であり，本書の企画提案を同社からいただいたのが2015年暮れであった。

　当初の予定では約1年早く出版していたはずであるが，執筆がなかなか予定通りに進まずに遅れてしまった。遅れを少しでも取り返すためにわざわざ旅行して旅先で執筆するなどの方法も試してみたり，執筆を終えた今になって振り返ると全てがすでに思い出になっている。

　大幅に遅れた執筆に対し叱咤激励してくれたシーエムシー出版の井口誠氏，校正済みの原稿に対する再度の修正に柔軟に対応していただいた同社の門脇孝子氏に心から感謝する。

〈著者プロフィール〉

秋元英郎（あきもとひでお）

秋元技術士事務所　所長
プラスチックス・ジャパン㈱　代表取締役社長

　1958年北海道札幌郡広島村（現　北広島市）生まれ。
　1983年に大阪大学大学院理学研究科高分子学専攻（修士）を修了して三井石油化学工業㈱（現　三井化学㈱）に入社し，ただちに三井ポリケミカル㈱技術サービス研究所（現　三井・デュポンポリケミカル㈱テクニカルセンター）に配属され，1999年まで主に材料開発を担当する。その間，約5年間は営業に異動して，販売・マーケティングも経験。
　2000年に㈱グランドポリマーに異動になってから成形加工の技術開発の道に入る。ポリオレフィン部門の事業統合の流れを受けて三井住友ポリオレフィン㈱に異動し，統合解消により三井化学㈱に復職するも，一貫して発泡成形の技術開発に関与してきた。特に，自動車部品の軽量化ニーズに対応すべく，コアバック発泡技術の確立とコアバック発泡用ポリプロピレンの開発，超臨界流体を用いない物理発泡成形技術の開発，超臨界流体を用いた微細射出発泡成形技術の用途開発，超臨界流体を用いた押出発泡成形技術と用途開発に，担当者およびリーダーとして関わった。
　2006年に三井化学㈱の本社に異動し，企画開発を担当したのち，2007年に小野産業㈱技術開発部に出向し，ヒート＆クール成形技術（RHCM）と微細射出発泡成形技術の組み合わせ技術の開発等の指導を担当した。
　2010年に三井化学㈱を退職し，秋元技術士事務所を開設したのちは，Trexel Inc.の委託でライセンス先へのMuCell技術の技術指導，MuCellの導入先へのコンサルティング，2010年から2012年には京都大学工学部客員研究員として高倍率発泡へ取り組み，2016年からはプラスチック成形加工学会の「発泡・超臨界流体利用加工技術専門委員会」の委員長を務めている。
　その一方で，優れたものづくり技術を多くの人に伝え広めるために，2015年にプラスチックス・ジャパン㈱を設立し，プラスチックの技術情報プラットフォームであるプラスチックス・ジャパン.comを運営している。

学位：博士（工学）
資格：技術士（化学部門）
秋元技術士事務所ホームページ　https://ce-akimoto.com
プラスチックス・ジャパン㈱ホームページ　https://plastics-japan.com

現場で使える発泡プラスチックハンドブック

2017年9月8日　第1刷発行

著　者　秋元英郎　　　　　　　　　　　　　　　　（S0813）
発行者　辻　賢司
発行所　株式会社シーエムシー出版
　　　　東京都千代田区神田錦町 1-17-1
　　　　電話 03(3293)7066
　　　　大阪市中央区内平野町 1-3-12
　　　　電話 06(4794)8234
　　　　http://www.cmcbooks.co.jp/
編集担当　井口　誠／門脇孝子

〔印刷　あさひ高速印刷株式会社〕　　　　　　　© H. Akimoto, 2017

落丁・乱丁本はお取替えいたします。

本書の内容の一部あるいは全部を無断で複写（コピー）することは，法律で認められた場合を除き，著作権および出版社の権利の侵害になります。

ISBN978-4-7813-1187-6　C3043　¥20000E